高职高专"十二五"规划教材

板带钢生产

主　编　毕俊召　葛　影

副主编　魏明贺　黄聪玲　潘韶慧

主　审　陈　林

北　京

冶金工业出版社

2013

内 容 提 要

　　本书结合现代轧钢行业的板带钢生产典型工艺及设备作了有针对性的介绍和理论分析，从钢板的用途、分类及技术要求入手，主要讲述了板带钢生产的工艺、设备及操作，内容贴近生产实际，力求反映国内外板带钢生产近 20 年的新技术和发展方向。

　　本书是高职高专材料工程技术（轧钢）专业教材，可作为相关专业专科、技校、中职学生的教学参考书，也可供生产、科研和设计部门的工程技术人员参考。

图书在版编目（CIP）数据

　　板带钢生产/毕俊召，葛影主编 . —北京：冶金工业出版社，2013.8

　　高职高专"十二五"规划教材
　　ISBN 978-7-5024-6304-5

　　Ⅰ.①板…　Ⅱ.①毕…　②葛…　Ⅲ.①带材轧制—生产工艺—高等职业教育—教材　②板材轧制—生产工艺—高等职业教育—教材　Ⅳ.①TG335.5

　　中国版本图书馆 CIP 数据核字（2013）第 184570 号

出 版 人　谭学余
地　　址　北京北河沿大街嵩祝院北巷 39 号，邮编 100009
电　　话　(010)64027926　电子信箱　yjcbs@cnmip.com.cn
责任编辑　马文欢　王雪涛　美术编辑　杨 帆　版式设计　葛新霞
责任校对　禹 蕊　责任印制　张祺鑫
ISBN 978-7-5024-6304-5
冶金工业出版社出版发行；各地新华书店经销；三河市双峰印刷装订有限公司印刷
2013 年 8 月第 1 版，2013 年 8 月第 1 次印刷
787mm×1092mm　1/16；12 印张；286 千字；180 页
27.00 元

冶金工业出版社投稿电话：(010)64027932　投稿信箱：tougao@cnmip.com.cn
冶金工业出版社发行部　电话：(010)64044283　传真：(010)64027893
冶金书店　地址：北京东四西大街 46 号(100010)　电话：(010)65289081(兼传真)
　　　　　　（本书如有印装质量问题，本社发行部负责退换）

前　言

　　本书是为适应板带钢生产技术发展和高职高专学校教学的需要而编写的，在编写过程中注重了基本理论和基本知识的要求，特别加强了对新理论、新技术、新设备的介绍，力求理论联系实际，侧重于生产设备的实际应用，注重学生职业技能和动手能力的培养，以期将对学生的未来发展有更多的帮助。

　　全书共分7章，主要内容包括概述、中厚板生产、传统热连轧带钢生产、薄板带坯连铸-连轧生产、冷轧板带钢生产、板带钢高精度轧制和板带钢生产新技术。本书是高职高专材料工程技术（轧钢）专业教材，也可作为相关专业专科、技校、中职学生的教学参考书，也可供生产、科研和设计部门的工程技术人员参考。

　　本书第1章由唐山科技职业技术学院赵文成编写，第2章由唐山科技职业技术学院葛影、潘韶慧编写，第3章由吉林电子信息职业技术学院毕俊召、吉林建龙钢铁有限责任公司王彦成编写，第4章由安徽冶金科技职业学院黄聪玲编写，第5章由吉林电子信息职业技术学院魏明贺、马红超编写，第6章由吉林电子信息职业技术学院毕俊召编写，第7章由吉林电子信息职业技术学院毕俊召、季德静、包丽明编写。全书由毕俊召、葛影任主编，魏明贺、黄聪玲、潘韶慧任副主编，由内蒙古科技大学材料与冶金学院的陈林教授主审。

　　本书在编写过程中参考了多种相关图书、资料，在此对以上作者一并表示由衷的感谢。

　　同时，衷心地感谢唐山科技职业技术学院材料工程教研室在本书编写过程中给予的诸多帮助。

　　受编者水平所限，书中难免有不足之处，敬请广大读者批评指教。

编　者

2013 年 4 月

目　录

1 概　　述

【知识目标】

1. 掌握板带钢产品的特点与分类；

2. 理解板带钢产品的技术要求；

3. 了解板带钢产品的生产方式。

【能力目标】

1. 能识别板带钢产品；

2. 能阐述板带钢产品的特点与分类；

3. 能阐述板带钢产品的技术要求。

1.1　板带钢产品的特点与分类

板带钢产品外形扁平，具有大的宽厚比，使用性极强，有"万能钢材"之称。

板带钢的使用特点：

（1）表面积大，包容和覆盖能力强，在容器、建筑、金属制品、金属结构等方面应用广泛；

（2）裁剪、冲压、弯曲、焊接等性能好，可制成各种制品构件及结构件。

板带钢的生产特点：

（1）板带钢产品使用平辊轧制，变规格操作简便；

（2）带材形状简单，可成卷生产；

（3）轧制压力大，轧机设备复杂；

（4）板厚板形控制技术要求高。

板带钢是通过平辊轧机轧制而成的断面为扁矩形具有较大宽厚比的一种轧材，一般采用单张供货或成卷供货。按不同的分类标准，板带钢具有多种特定的称谓。

（1）按轧制温度的不同，板带钢可以分为冷轧板带和热轧板带，原料在常温下不经加热即进行轧制的生产方式称为冷轧；原料在高温下经轧机轧制变形的生产板带方式称为热轧。

（2）按板带钢产品的宽度不同，板带钢可以分为宽带钢、中宽带和窄带钢。

（3）按板带钢产品厚度由厚到薄，板带钢可分为中厚板（特厚板、厚板、中板）、薄板（超薄带）、箔材（特指冷轧材）；特厚板厚度在 60mm 以上，厚板厚度在 60～20mm 之间，中板厚度在 20～4.0mm 之间，薄板厚度在 4.0～0.2mm 之间，其中采用热轧方式生产

1.2mm 以下的带材可以称为超薄热带，箔材指 0.2mm 以下的冷轧带材。

（4）按材质的不同，板带钢可以分为普通碳素钢板、优质碳素钢板、高强度低合金钢板、电工硅钢薄板、不锈钢钢板、耐热钢板、复合钢板等。

（5）按用途不同，板带钢可以分为汽车板、造船板、桥梁板、屋面板、集装箱板、锅炉板、镀层板、电工钢板、深冲板、管线用钢板、复合板及不锈钢板、耐酸耐热板等。

1.2 板带钢产品的技术要求

根据板带钢用途的不同，对其提出的技术要求也各不一样，但基于其相似的外形特点和使用条件，其技术要求仍有共同的方面，归纳起来就是"尺寸精确、板形好，表面光洁、性能高"。这四句话指出了板带钢主要技术要求的四个方面：

（1）尺寸精确，即尺寸精度要求高。板带钢尺寸精度包括厚度精度、宽度精度，对于横切钢板还应包括长度精度。一般规定宽度、长度只有正公差。

对板带钢尺寸精度影响最大的主要是厚度精度，它不仅影响使用性能及后步工序，而且在生产中难度最大。此外厚度偏差对节约金属影响很大；板带钢由于 b/h 很大，厚度一般很小，厚度的微小变化势必引起其使用性能和金属消耗的巨大波动，故在板带钢生产中一般都应该保证轧制精度，力争按负公差轧制。

（2）板形好。板带四边平直，无浪形瓢曲，才好使用。例如，对厚度 $h \leqslant 1.5mm$ 的钢板，其每米长度上的不平度不得大于 15mm，厚度 $h > 4 \sim 10mm$ 的钢板，其每米长度上的不平度不得大于 10mm，因此对板带钢的板形要求是比较严的。但是由于板带钢既宽且薄，对不均匀变形的敏感性又特别大，所以要保持良好的板形很不容易。板带愈薄，其不均匀变形的敏感性愈大，保持良好板形的困难也就愈大。显然，板形的不良来源于变形的不均，而变形的不均又往往导致厚度的不均，因此板形的好坏往往与厚度精确度有着直接的关系。

（3）表面光洁。板带钢是单位体积的表面积最大的一种钢材，又多用作外围构件，故必须保证表面的质量。不论是厚板还是薄板表面皆不得有气泡、结疤、拉裂、刮伤、折叠、裂缝、夹杂和压入氧化铁皮，因为这些缺陷不仅损害板制件的外观，而且往往败坏性能或成为产生破裂和锈蚀的策源地，成为应力集中的薄弱环节。例如，硅钢片表面的氧化铁皮和表面的光洁程度就直接影响磁性；深冲钢板表面的氧化铁皮会使冲压件表面粗糙甚至开裂，并使冲压工具迅速磨损；对不锈钢板等特殊用途的板带，可提出特殊的技术要求。

（4）性能高。板带钢的性能要求主要包括力学性能、工艺性能和某些钢板的特殊物理或化学性能。一般结构钢板只要求具备较好的工艺性能，例如，冷弯和焊接性能等，而对力学性能的要求不很严格。对于重要用途的结构钢板，则要求有较好的综合性能，即除了要有良好的工艺性能、强度和塑性以外，还要求保证一定的化学成分，保证良好的焊接性能、常温或低温的冲击韧性，或一定的冲压性能、一定的晶粒组织及各向组织的均匀性等。

除了上述各种结构钢板以外，还有各种特殊用途的钢板，如高温合金板、不锈钢板、硅钢片、复合板等，它们或要求特殊的高温性能、低温性能、耐酸耐碱耐腐蚀性能，或要求一定的物理性能（如磁性）等。

1.3 板带钢生产方式

1.3.1 热轧板带钢生产方式

1.3.1.1 传统热连轧方式

一般将 20 世纪 90 年代以前的热带钢连轧称为传统带钢热连轧，年产量可达 300 万吨以上。目前我国有半数左右带钢是通过这种方式生产的，典型的传统热连轧方式如图 1-1 所示。

图 1-1　典型传统热连轧生产线布置

与薄板坯连铸连轧相比，传统生产工艺具有以下特征：
（1）连铸坯厚度在 200mm 以上，长度为 4.5 ～ 9m；
（2）具备一定容量的坯料库；
（3）具备加热炉区。
传统热连轧生产工艺的局限性：
（1）必须用厚板坯作原料，轧制能耗高；
（2）铸造和轧制工艺之间不连续，生产周期长；
（3）把板坯从室温加热到轧制温度，没有利用铸坯的余热，导致能耗高。

我国目前使用的热连轧机属第三代热连轧机。20 世纪 50 年代从苏联引进的无厚控系统和无板形控制系统的热连轧机属第一代，如鞍钢的 1700mm 热连轧机；20 世纪 70 年代从日本引进的有厚控但无板形控制系统的热连轧机属第二代，如武钢的 1700mm 热连轧机；20 世纪 80 年代从联邦德国及日本引进的有厚控、板形控制、微张力控制的热连轧机属第三代，如宝钢 2050mm 及 1580mm 热连轧机。第三代热连轧机具有大型化、高速化的特征。

20 世纪 90 年代以后的第三代热连轧机正朝着集约化、紧凑式的 1/2 热连轧机形式发展。我国 20 世纪 90 年代建设的热连轧机共 23 套，其中采用 1/2 连轧的共计 19 套，采用 3/4 连轧的共计 3 套，采用全连轧的只有 1 套。由此可以看出，宽带钢热连轧机的发展趋势是 1/2 连续式，粗轧机由 1 架（或 2 架）可逆式轧机组成。更加紧凑的 1/2 连续式布置则是通过在粗轧机后安装热卷箱，使轧线更短。

同时，当前的第三代热连轧机的生产量、轧制速度、单位宽度卷重等参数也有所变化，表 1-1 列出了当前热连轧机与 20 世纪 80 年代第三代热连轧机的比较。

传统热连轧生产方式虽然经受着短流程的薄板坯连铸连轧生产方式的挑战，但它以生产技术成熟、产量高、产品质量好、产品品种规格齐全、自动化程度高的优势，在热轧带钢的生产中仍据统治地位，是生产热轧带钢的主力。

表 1-1　第三代热连轧机的发展

生产线参数	20 世纪 80 年代的第三代热连轧机	当前的热连轧机
轧机布置形式	全连续或 3/4 连续	1/2 连续
年生产能力/万吨	400 ~ 600	200 ~ 350
精轧最高出口速度/m·s^{-1}	28.5	19.0 ~ 22.0
轧制线长度/m	622 ~ 675	360 ~ 448
最大单位卷重/kg·mm^{-1}	36	23 ~ 25
最大卷重/t	45	30 ~ 35
产品厚度/mm	1.0 ~ 25.0	1.0 ~ 25.0

1.3.1.2　薄板坯（中厚板坯）连铸连轧方式

薄板坯（中厚板坯）连铸连轧方式自 1990 年得到实际应用以来发展很快，截至 2005 年底，世界建成的薄（中厚）板坯连铸连轧生产线达到近 40 套，主要形式包括 SMS 的 CSP、DEMAG 的 ISP、住友的 QSP、DANIELI 的 FTSP 以及奥钢联的 CONROL 等。

薄板坯连铸连轧的铸坯厚度为 50 ~ 90mm，连铸与轧制设备间多采用隧道式辊底炉连接，其工艺特点如下：

（1）针对不同钢种和所需带钢厚度，选择生产 35 ~ 70mm 厚板坯；

（2）结晶器内冷却强度大，柱状晶短，铸态组织晶粒细化；

（3）辊底式加热炉可以灵活掌握板坯的加热工艺；

（4）选用热卷箱可以减小中间坯温降，缩短预精轧机和精轧机之间的距离；

（5）精轧机组采用与普通精轧机组相似的轧制速度进行轧制；

（6）可增设近距离地下式卷取机用于生产较薄带钢；

（7）适于生产薄规格带材。

中厚板坯连铸连轧的铸坯厚度为 100 ~ 150mm，连铸与轧制设备间多采用步进梁式加热炉连接。其工艺特点如下：

（1）连铸生产效率与连轧生产节奏匹配较好；

（2）可浇注的钢种显著多于薄板坯连铸机，具有钢种灵活性；

（3）生产厚规格的带钢不存在压缩比不足问题；

（4）适用于传统热带钢连轧线改造；

（5）适用于提高带材质量，扩大品种。

连铸板坯厚度不同，相应的生产线设备配置也不同。实践证明，无论哪种形式的连铸连轧生产线，都具有三高（装备水平高、自动化水平高、劳动生产率高）、三少（流程短工序少、布置紧凑占地少、环保好污染少）和三低（能耗低、投资低、成本低）的优点。

1.3.2　冷轧板带钢生产方式

板带钢生产方式的演变如图 1-2 ~ 图 1-6 所示。

1.3.2.1　单张生产方式

单张生产方式如图 1-2 所示，从原料到成品生产的全过程是以单张方式进行的。这种生产方式产量低、产品质量差、成材率低，只能轧制较厚规格的薄板，但建设投资相对较少。

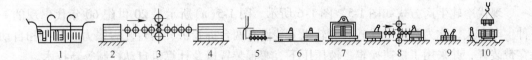

图 1-2 单张生产方式

1—单张原板酸洗槽；2—酸洗后的待轧板料；3—四辊冷轧机；4—轧制状态的钢板；
5—剪切；6—分类；7—罩式电炉退火；8—平整；9—包装；10—入库

1.3.2.2 半成卷生产方式

半成卷生产方式如图 1-3 所示，这种方式产量较高，但产品质量仍然较差。

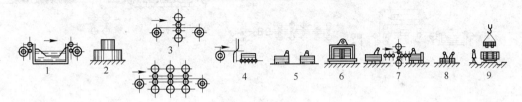

图 1-3 半成卷生产方式

1—酸洗；2—酸洗后的待轧板卷；3—单机可逆式或三机架连轧；4—剪切；
5—分类；6—电炉退火；7—平整；8—包装；9—入库

目前，单张生产方式和半成卷生产方式国内外都有，但它们都有逐渐被淘汰的趋势。

1.3.2.3 成卷生产方式

成卷生产方式如图 1-4 所示，是 20 世纪 50 年代比较常用的生产方式。

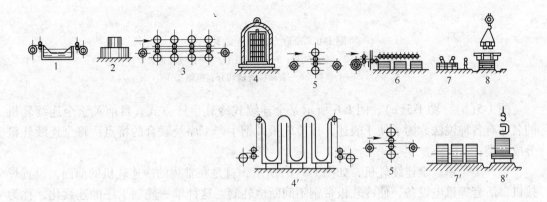

图 1-4 成卷生产方式

1—酸洗；2—酸洗板卷；3—连轧机或可逆式单机；4—罩式煤气退火或连续退火炉；
4′—连续退火炉；5—平整机；6—横切分类；7, 7′—包装；8, 8′—入库

1.3.2.4 现代冷轧生产方式

现代冷轧生产方式如图 1-5、图 1-6 所示。图 1-5(a)所示是 20 世纪 60 年代出现的一种生产方式，称为常规冷连轧。冷轧机上装设有两台拆卷机、两台轧后张力卷取机和自动穿带装置，并采用了快速换辊、液压压下、弯辊装置以及计算机自动控制等新技术。

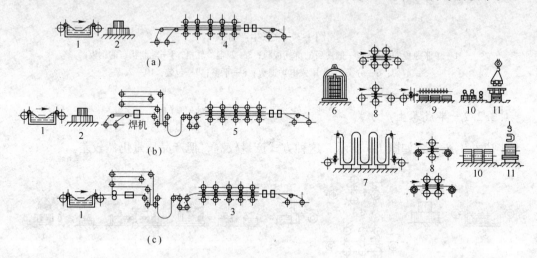

图 1-5 现代冷轧生产方式

(a) 常规的冷连轧；(b) 单一全连续轧机；(c) 酸洗联合式全连续轧机
1—酸洗；2—酸洗板卷；3—酸洗轧制联合机组；4—双卷双拆冷连轧机；
5—全连续冷轧机；6—罩式退火炉；7—连续退火炉；8—平整机；
9—自动分选横切机组；10—包装；11—入库

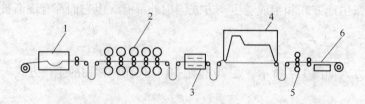

图 1-6 全联合式全连续轧制

1—酸洗机组；2—冷连轧机；3—清洗机组；4—连续式退火炉；
5—平整机；6—表面检查横切分卷机组

图 1-5(b)、图 1-5(c)、图 1-6 所示是全连续式冷轧生产方式。目前关于全连续轧机的名称有各种说法，为了便于表述，按冷轧板带钢生产工序及联合的特点，将全连续轧机分成三类：

第一类是单一全连续轧机，如图 1-5(b)所示，就是在常规的冷连轧机的前面，设置焊接机、活套等机电设备，使冷轧板带钢不间断地轧制。这种单一轧制工序的连续化，称为单一全连续轧制。世界上最早实现这种生产的厂家是日本钢管福山钢铁厂，于 1971 年 6 月投产。目前世界上属于单一全连续轧制的生产线共有 20 余套。

第二类是联合式全连续轧机。将单一全连续轧机再与其他生产工序的机组联合，称为联合式全连续轧机。若单一全连续轧机与后面的连续退火机组联合，即为退火联合式全连续轧机；全连续轧机与前面的酸洗机组联合，即为酸洗联合式全连续轧机，如图 1-5(c) 所示。这种轧机最早在 1982 年日本新日铁广畑厂投产，目前世界上酸洗联合式全连续轧机较多，发展较快，是全连轧的一个发展方向。

第三类是全联合式全连续轧机，是最新的冷轧生产设备。单一全连续轧机与前面酸洗机组和后面全连续退火机组（包括清洗、退火、冷却、平整、检查工序）全部联合起来，即为全联合式全连续轧机，如图 1-6 所示。日本新日铁广畑厂于 1986 年建成了第一条全联合式全连续轧机生产线，美、日于 1989 年合建了第二条生产线。全联合式全连续轧机是冷轧板带钢生产划时代的技术进步成果，它标志着冷轧板带钢设计、研究、生产、控制及计算机应用技术已进入一个新的时代。

复习思考题

1-1 板带钢按厚度如何分类？
1-2 试述板带钢的主要技术要求。
1-3 试述板带钢产品的特点。
1-4 板带钢的生产方式有哪些，各有何特点？

2 中厚板生产

【知识目标】

1. 掌握中厚板轧机的类型及布置形式；

2. 了解中厚板生产常用的原料特点及选用方法；

3. 了解组织与性能的关系；

4. 了解压下规程设计的原则和要求；

5. 理解各种中厚板轧机的特点及适用范围；

6. 理解加热的目的及加热炉形式；

7. 理解控制冷却的种类及特点；

8. 掌握常用的中厚板轧机结构；

9. 掌握中厚板平面矩形化控制方法及精整工序的操作；

10. 掌握制定压下规程的方法和步骤；

11. 熟练掌握中厚板展宽轧制的操作方法；

12. 掌握控制轧制及轧制工艺参数的控制。

【能力目标】

1. 具有确认轧辊结构及选择的能力；

2. 具有对中厚板进行展宽轧制、平面矩形化控制和精整操作的能力；

3. 具有对典型中厚钢板进行控制轧制和控制冷却操作的能力；

4. 具有对中厚钢板轧机进行压下规程设计的能力。

2.1 中厚板生产工艺

一般中厚板生产工艺流程如图 2-1 所示。

流程中生产的抛丸底层涂料钢板是未经热处理的，但船用和桥梁用钢板有的需要经正火热处理后进行抛丸底层涂料处理。在力学性能试验前，先施行热处理，然后再抛丸和油漆。

2.1.1 原料及加热

2.1.1.1 原料选择

中厚板生产的原料经历着钢锭—初轧坯—连铸坯的演变。目前，连铸坯是中厚板生产的主要原料。

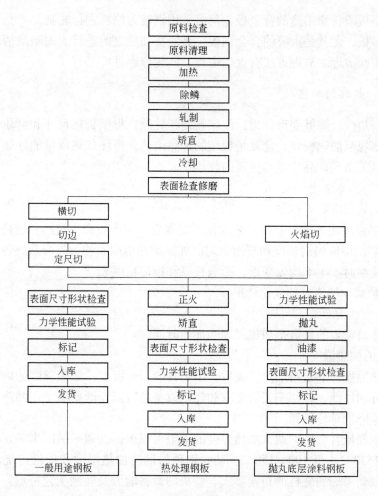

图 2-1　一般中厚板生产流程

连铸坯是用板坯连铸机将钢水连续不断地注入结晶器，一定厚度和宽度的板坯连续地被拉出，并切成一定长度。连铸坯的优点是：

（1）简化和缩短了冶金生产过程，减少了厂房和设备投资；

（2）节约能源，提高了金属收得率；

（3）物理化学性能均匀。

因此，采用连铸坯对于提高产品质量、降低生产成本是很有意义的。绝大部分中厚板厂采用连铸坯生产。

连铸坯厚度尺寸确定：为保证钢板的组织和性能，其厚度要保证轧制有一定的压缩比。采用多大的压缩比为好，其说法不一，美国认为 4~5，日本要求 6 以上，德国提出3.1 即可。为保证质量，对一般用途钢板压缩比宜选用为 6~8，重要用途宜选用为 8~10以上。

连铸坯长度确定：当板坯需要宽展轧制时，长度受到粗轧机座辊身长度限制，一般最大取辊身长度减去 500mm；终轧温度和轧件的头尾温差，也是确定坯料长度的限制条件。

连铸坯的厚度可达到 320mm，宽度可达到 800~2500mm，质量可达到 45t。

对于特厚板或特殊用途的合金板，仍需采用钢锭为原料进行轧制。

除少量厚板，尤其是重要的合金钢板，需要在加热之前进行表面缺陷清理，绝大多数板坯不需要表面清理。清理方法有火焰清理、砂轮修磨等。

2.1.1.2　板坯的加热

为了提高塑性、降低变形抗力，使坯料便于轧制，根据板坯尺寸和材质性能不同，采用不同的加热规范加热板坯，这就是板坯的加热工艺。板坯加热质量的好坏，不仅影响轧制工艺，而且关系到产品质量和金属的收得率。

A　板坯的加热要求

板坯的加热要求如下：

（1）加热温度应当满足加热工艺规范的温度要求，不得产生过热和过烧。

（2）加热温度应当沿长度和断面均匀。如果加热温度不均匀，会造成各个部分变形抗力不一致，轧制时产生不均匀变形，影响板厚和板形精度。

（3）尽量减少加热时的氧化烧损。

B　板坯加热的参数

板坯加热最重要的参数是加热温度和加热时间。

a　板坯的加热温度

板坯加热温度一般是指加热完成后，出炉时的表面温度。加热温度的确定要考虑到钢种的化学成分和性能、轧制工艺的要求和轧制设备的特点，既要满足产品产量和质量的要求，又要注意降低单位能耗。

对于碳钢和低合金钢，通常加热温度的上限可以根据铁碳平衡图来确定，应比固相线 AE（1140～1530℃）低 100～150℃。某些钢种的最高加热温度和理论过烧温度见表 2-1。加热温度下限要考虑到轧机的布置形式、轧机的设备能力及轧制工艺特点。例如，实行热机械控制工艺的中厚板坯加热，要根据终轧阶段的轧制温度和终轧温度的要求，考虑轧制过程中的温度降，确定出炉温度。

表 2-1　某些钢种的最高加热温度和理论过烧温度

钢　号		最高加热温度/℃	理论过烧温度/℃	钢　号	最高加热温度/℃	理论过烧温度/℃
碳钢	1.5%C	1050	1140	硅锰弹簧钢	1250	1350
	1.1%C	1080	1180	镍钢（3%Ni）	1250	1370
	0.9%C	1120	1220	渗碳镍钢（5%Ni）	1270	1450
	0.7%C	1180	1280			
	0.5%C	1250	1350	铬钒钢	1250	1350
	0.2%C	1320	1470	高速钢	1280	1380
	0.1%C	1350	1790	奥氏体镍铬钢	1300	1420

b　板坯的加热时间

板坯的加热时间是指加热到工艺要求所必需的总时间，可用较简单的公式粗略计算。

（1）齐瑞科夫公式：

$$t = CH$$

式中　t——加热时间，h；

　　　H——板坯厚度，cm；

　　　C——系数，通常取值为：软钢低碳钢，$C = 0.01 \sim 0.15$；中碳钢和低合金钢，$C = 0.15 \sim 0.20$；高碳钢，$C = 0.20 \sim 0.30$；高级工具钢，$C = 0.30 \sim 0.40$。

（2）泰茨公式：

$$t = (7 \times 0.05H)H$$

式中　t——加热时间，min；

　　　H——板坯厚度，cm。

（3）里斯公式：

$$t = K \frac{H}{1.24 - H}$$

式中　t——加热时间，h；

　　　H——板坯厚度，m；

　　　K——系数，通常取值为：单面加热，$K = 22.7$；双面加热，$K = 13$。

C　板坯的加热工序

板坯有冷装炉和从缓冷坑中取出的热坯或直接从连铸车间来的高温板坯热装炉。坯料用吊车放在受料辊道上，送至装炉位置，经装料推钢机将板坯推入炉内。当冷、热板坯切换装炉时，后装的板坯要有时间滞后。在炉内为使前后板坯不出现空位，装炉推钢机采用长行程。板坯在炉膛内由步进机构搬运前进。加热好的板坯由出钢机从炉膛内托出，放在出料端的输送辊道上，送往轧机进行轧制。

2.1.2　轧制

轧制是中厚板生产的钢板成型阶段。中厚板的轧制可分为除鳞、粗轧、精轧三个阶段。

2.1.2.1　除鳞

板坯在轧制前和轧制过程中必须清除在加热过程中的初生氧化铁皮和轧制过程中生成的再生氧化铁皮，这个过程称为除鳞。除鳞对保证钢板的表面质量是非常重要的，否则氧化铁皮压入钢板表面，会造成麻点，而且，这种表面缺陷会因轧制进行而扩大面积；另外，氧化铁皮很硬，它的存在还会增加轧辊磨损，这不仅增加轧辊消耗，还会增加换辊次数，影响轧机产量。

氧化铁皮的塑性低，很脆，在冲击力和轧制延伸的作用下会破碎。因此，除鳞的方法有以下几种：

（1）高压水除鳞。高压水的冲击力可以破碎和清除板坯表面的氧化铁皮，这种方法除鳞得到广泛的应用。一般采用高压水的压力为 $15 \sim 17$ MPa。由于采用热机械工艺，在钢中加入微合金元素和低温出炉，使氧化铁皮在钢板表面的黏着力增强，因此，高压水的压力有增强的趋势。20 世纪 80 年代新建和改造的中厚板厂均采用 20 MPa 的压力，如瑞典奥斯陆厂为 23.5 MPa，英钢联为 24 MPa，德国米尔海姆厂为 25 MPa。

（2）轧制延伸除鳞。由于氧化铁皮塑性低，又很脆，轧制延伸可将其破碎。因此，清除炉生氧化铁皮可以设置专门的破鳞机座（立辊或水平辊），在轧制的开始道次，采用 5% ~ 15%的压下量破碎氧化铁皮。为了提高除鳞效果，有的采用增大压下量的方法（除鳞道次的压下量达 15% ~ 20%）；也有采用水平辊的异步轧制方法除鳞，用上下轧辊线速度的不同步提高除鳞效果。

（3）高压蒸汽除鳞箱。为避免钢板在除鳞过程中的过度冷却，日本一些轧机用高压蒸汽代替高压水，在一般钢种轧制的最后道次采用，轧制不锈钢时在所有道次都使用。

高压水除鳞装置置于破鳞机前或后，或者前后都有，或者将高压水喷嘴置于轧机工作机座上除鳞。将延伸除鳞和高压水除鳞结合起来，可以很好地清除初生和再生氧化铁皮。

2.1.2.2　粗轧

粗轧阶段的主要任务是将板坯或扁锭展宽到所需的宽度并进行大压缩延伸。根据原料条件和产品要求，有全纵轧法、综合轧制法、全横轧制法。

A　全纵轧法

纵轧就是钢板的延伸方向与原料（钢锭或钢坯）纵轴方向相一致的轧制方法。当原料的宽度稍大于或等于成品钢板的宽度时就可不用展宽轧制，而直接纵轧轧成成品，所以称全纵轧法。全纵轧法操作简单，产量高，轧制钢锭时钢锭头部的缺陷不会扩展到钢板的全长。但全纵轧法在轧制过程中（包括在初轧开坯时）轧件始终沿着一个方面延伸，使钢中偏析和夹杂等呈明显的带状分布，钢板组织和性能呈各向异性，横向性能（尤其是冲击性能）降低。全纵轧法由于无法用轧制方法调整原料的宽度和钢板组织性能的各向异性，因此在实际生产中用得并不多。

B　综合轧制法

综合轧制法即横轧-纵轧法。横轧即是钢板的延伸方向与原料的纵轴方向相垂直的轧制（图 2-2）。综合轧制法，一般分为三步，首先纵轧 1 ~ 2 道次平整板坯，称为成型轧制；然后转 90°进行横轧展宽，使板坯的宽度延伸到所需的板宽，称为展宽轧制；然后再转 90°进行纵轧成材，称为延伸轧制。

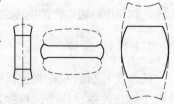

综合轧制法是生产中厚板中最常用的方法。其优点是：板坯宽度不受钢板宽度的限制，可以根据原料情况任意选择，比较灵活。由于轧件在横向有一定的延伸，改善了钢板的横向性能。通常连铸坯的规格尺寸比较少，因此更适合采用综合轧制法。但此法在操作中从原料到横轧、从横轧到纵轧，轧件共有两次 90°旋转，因此产量有所降低，并易使钢板成桶形，增加切边损失，降低成材率。此外由于板坯横向伸长率不大，钢板组织性能各向异性改善不够明显，横向性能仍然容易偏低。

图 2-2　综合轧制法

C　全横轧法

全横轧法即将板坯进行横轧直至轧成成品，此法只能用于板坯长度大于或等于钢板宽度时。当用连铸板坯作原料时，采用全横轧法与采用全纵轧法一样会造成钢板组织性能明显的各向异性。但如果用初轧板坯作原料，由于初轧时轧件的延伸方向与厚板轧制时的延伸方向垂直，因而大大地改善钢板的各向异性，显著改善钢板的横向性能。

此外全横轧法比综合轧制法可以得到更整齐的边部，钢板不易成桶形（图2-3），因而减少了切损。另外，全横轧法比综合轧制法减少一次转钢时间，使产量有所提高。因此全横轧法经常用于以初轧坯为原料的中厚板生产。但由于受到钢坯长度规格数量的限制，调整钢板宽度的灵活性小。

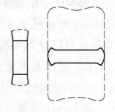

图 2-3　全横轧法

2.1.2.3　精轧

精轧阶段的主要任务是质量控制，包括厚度、板形、表面质量、性能控制。轧制的第二阶段粗轧与第三阶段精轧间并无明显的界限。通常把双机座布置的第一台轧机称为粗轧机，第二台轧机称为精轧机。两架轧机压下量分配上的要求是两架轧机上的轧制节奏尽量相等，这样才能提高轧机的生产能力。一般的经验是在粗轧机上的压下量约占80%，在精轧机上约占20%。

2.1.2.4　平面形状控制

平面形状控制即钢板的矩形化控制。最大矩形化能提高收得率，提高收得率是中厚板生产效益最大化的手段之一。影响收得率的因素中平面形状不良（影响切头、切尾和切边）造成的收得率损失约占收得率损失的49%，占总收得率损失的5%～6%左右。因此中厚板生产轧制阶段的任务就从过去对产品尺寸的一般要求发展到要使钢板轧后平面形状接近矩形。

A　MAS 轧制法（水岛平面形状控制系统）

调节轧件端面形状的原理见图2-4。为了控制轧件侧面形状，在最后一道延伸时用水平辊对宽展面施以可变压缩。如果侧面形状凸出则轧件中间部位的压缩大于两端，如图中形状；如果轧件侧面形状凹入，两端的压缩就应大于中间部分。将这种不等厚的轧件旋转90°后再轧制，就可以得到侧面平整的轧件，称整形 MAS 法。同理，如果在横轧后一道次上对延伸面施以可变压缩，旋转90°后再轧制就可以控制前端和后端切头，称展宽 MAS。

具体地说，它是由平面形状预测模型求出侧边、端部切头形状变化量，并把这个变化量换算成成型轧制最后一道次或横轧最后一道次时的轧制方向上的厚度变化量，按设定的厚度变化量在轧制方向上相应位置进行轧制。

此法应用于有计算机控制的四辊厚板轧机上（有液压 AGC 装置），可使中厚板的收得率提高 4.4%。

B　狗骨轧制法（DBR 法）

它与 MAS 轧制法基本原理相同，即在宽度方向变化伸长率改变断面形状，从而达到平面形状矩形化的目的，见图2-5。所不同的是在考虑 DB 量（即轧件前后端加厚部分的

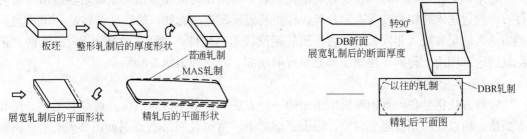

图 2-4　整形 MAS 轧制　　　　　　　图 2-5　狗骨轧制法过程及原理示意图

长度和少压下的量）时，考虑了 DB 部分在压下时的宽展。日本钢管福山厂已把在该厂 4725mm 厚板轧机上轧制各种规格成品时必要的 DB 量制成了表格。现场实验表明，采用 DBR 法可以使切头损失减少 65%，收得率提高 2% 左右。

C　差厚展宽轧制法

差厚展宽轧制法过程和原理如图 2-6 所示。图(a)在展宽轧制中平面形状出现桶形，端部宽度比中部要窄 ΔB，令窄端部的长度为 αL（α 为系数，取 $0.1 \sim 0.12$，L 为板坯长度），若把此部分展宽到与中部同宽，则可得到矩形，纵轧后边部将基本平直。为此进行如图(b)中那样的轧制，即将轧辊倾斜一个角度（θ），在端部多压下 Δh 的量，让它多展宽一点，使成矩形。这个方法可使收得率提高 1% ~ 1.5% 左右。此法已用在日本千

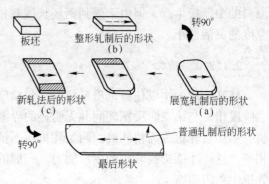

图 2-6　差厚展宽轧制法
过程及原理

叶厂 3400mm 的厚板轧机上，在展宽的最后两道使上辊倾斜，倾斜度为 $0.2° \sim 2°$，左侧与右侧压下螺丝分开控制。这些操作都是由电子计算机完成的。

D　立辊法

用立辊改善平面形状的模式如图 2-7 所示，但出于宽厚比等方面的原因，立辊的使用范围也受到限制。

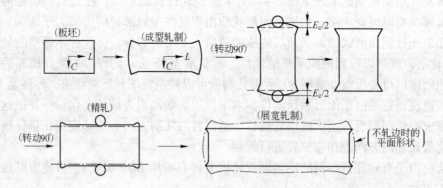

图 2-7　用立辊法改善平面形状

E　咬边返回轧制法

采用钢锭作为坯料时，在展宽轧制完成后，根据设定的咬边压下量确定辊缝值。将轧件一个侧边送入轧辊并咬入一定长度，停机轧辊反转退出轧件，然后轧件转过 180° 将另一侧边送入轧辊并咬入相同长度，再停机轧辊反转退出轧件，最后轧件转过 90° 纵轧两道消除轧件边部凹边，得到头尾两端都是平齐的端部。其原理如图 2-8 所示。

F　留尾轧制法

这种方法也是我国舞钢厚板厂采用的一种方法。由于坯料为钢锭，锭身有锥度，尾部有圆角，所以成品钢板尾部较窄，增大了切边量。留尾轧制法示意图如图 2-9 所示。钢锭纵轧到一定厚度以后，留一段尾巴不轧，停机轧辊反转退出轧件，轧件转过 90° 后进行展

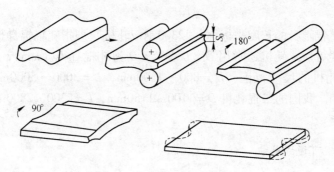

图 2-8　咬边返回轧制法示意图

（虚线为未实施咬边返回轧制法轧制的成品钢板平面形）

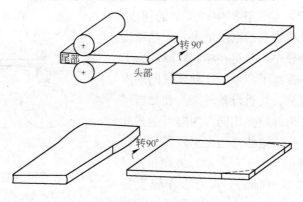

图 2-9　留尾轧制法示意图

宽轧制，增大了尾部宽展量，使切边损失减小。舞钢厚板厂采用咬边返回轧制法和留尾轧制法使厚板成材率提高 4%。

2.2　中厚板轧制设备

2.2.1　中厚板轧机类型

生产中厚板的轧机有：二辊可逆式轧机、三辊劳特式轧机和四辊可逆式轧机。由于三辊劳特式轧机和二辊可逆式轧机的刚度低，装机水平低，不能满足产品精度要求，三辊劳特式轧机已大部分被淘汰，二辊可逆式轧机已不再单独兴建，有时仅作为粗轧机或开坯机之用。

2.2.1.1　二辊可逆式轧机

如图 2-10 所示，它由一台或两台直流电机驱动，采用可逆、调速轧制，通过上辊调整压下量（轧制中心线改变了），得到每道次的压下量 Δh。因其低速咬钢、高速轧钢，具有咬入角大、压下量大、产量高的特点。但二辊轧机辊系刚性较差，

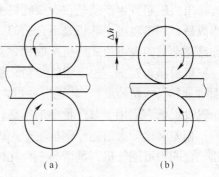

图 2-10　二辊可逆式轧机轧制过程示意图

（a）第一道轧制；（b）第二道轧制

板厚公差较大。

　　钢板轧机按轧辊辊身的长度来标称。"2300钢板轧机"即指轧辊辊身长度 L 为2300mm的钢板轧机。二辊可逆式轧机还常用 $D \times L$ 表示。D 为轧辊直径（mm），L 为轧辊辊身长度（mm）。二辊轧机的尺寸范围：$D = 800 \sim 1300$mm，$L = 3000 \sim 5000$mm。轧辊转速为 $30 \sim 60(100)$r/min。我国的二辊轧机 $D = 1100 \sim 1150$mm，$L = 2300 \sim 2800$mm，都用作双机布置中的粗轧机座。

2.2.1.2　四辊可逆式轧机

　　四辊可逆式轧机如图2-11所示，它是由一对小直径工作辊和一对大直径支撑辊组成，由直流电机驱动工作辊。轧制过程与二辊可逆式轧机相同。它具有二辊可逆式轧机生产灵活的优点，又由于有支撑辊，轧机辊系的刚度增大，产品精度提高。因为工作辊直径小，使得在相同轧制压力下能有更大的压下量，提高了产量。这种轧机的缺点是采用大功率直流电机，轧机设备复杂，和二辊可逆式轧机相比如果轧机开口度相同，四辊可逆式轧机将要求有更高的厂房，这些都增大了投资。

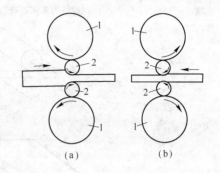

图 2-11　四辊可逆式轧机轧制过程示意图
（a）第一道轧制；（b）第二道轧制
1—支撑辊；2—工作辊

　　四辊可逆式轧机用 $d/D \times L$ 表示，或简单用 L 表示。D 为支撑辊直径（mm），d 为工作辊直径（mm），L 为轧辊辊身长度（mm）。四辊可逆式轧机的尺寸范围：$D = 1300 \sim 2400$mm，$d = 800 \sim 1200$mm，$L = 2800 \sim 5500$mm。四辊轧机是轧机中最大的，由于这类轧机生产出的钢板好，已成为生产中厚板的主流轧机。

2.2.2　中厚板轧机布置形式

　　中厚板车间的布置形式有三种：单机座布置、双机座布置和半连续或连续式布置。

2.2.2.1　中厚板的单机座布置

　　单机座布置生产就是在一架轧机上由原料一直轧到成品。由于在该轧机上要直接生产出成品，用二辊可逆轧机是不合适的，所以现在在实际生产中已被淘汰。三辊劳特式轧机亦已逐渐被四辊可逆式轧机所取代。

　　单机座布置中，由于粗轧与精轧都在一架轧机上完成，所以产品质量比较差（包括表面质量和尺寸精确度），轧辊寿命短，产品规格范围受到限制，产量也比较低。但单机座布置投资低、适用于对产量要求不高，对产品尺寸精度要求相对比较宽，而增加轧机后投资，相差又比较大的宽厚钢板生产。因此不少车间为了减少初期投资，在第一期建设中只建一台四辊可逆轧机，预留另一台轧机的位置，这是一种比较合理的建设投资方案。

2.2.2.2　中厚板的双机座布置

　　双机座布置的中厚板车间是把粗轧和精轧分到两个机架上去完成，它不仅产量高，而且产品表面质量、尺寸精度和板形都比较好,还延长了轧辊的使用寿命。双机座布置中精轧机一律采用四辊轧机以保证产品质量,而粗轧机可分别采用二辊可逆轧机或四辊可逆轧机。双机架组成形式有四辊式—四辊式、二辊式—四辊式、三辊式—四辊式三种。

二辊轧机具有投资少、辊径大、利于咬入的优点,虽然它刚性差,但作为粗轧机影响还不大,尤其在用钢锭直接轧制时。采用四辊可逆轧机作粗轧机不仅产量更高,而且粗、精轧道次分配合理,送入精轧机的轧件断面尺寸比较均匀,为在精轧机上生产高精度钢板提供了好条件。在需要时粗轧机还可以独立生产,较灵活。但采用四辊可逆轧机作粗轧机为保证咬入和传递力矩,需加大工作辊直径,因而轧机比较笨重,厂房高度相应要增加,投资增大。美国、加拿大多采用二辊加四辊形式,欧洲和日本多采用四辊加四辊形式。目前由于对厚板尺寸精度和质量要求越来越高,因而两架四辊轧机的形式日益受到重视。此外我国还有部分双机座布置的中厚板车间仍采用三辊劳特式轧机作为粗轧机,这是对原有单机座三辊劳特式轧机车间改造后的结果,进一步的改造将用二辊轧机或四辊轧机取代三辊劳特式轧机。

2.2.2.3 典型的中厚板车间布置

宝钢宽厚板轧机一期工程主厂房由板坯接收跨、板坯跨、加热炉区、主轧跨、主电室、磨辊间、冷床跨、剪切跨、中转跨、热处理跨、涂漆跨以及成品库等部分组成,设备构成见图2-12。

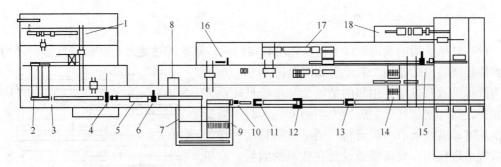

图 2-12 典型中厚板车间平面布置简图

1—板坯二次切割线;2—连续式加热炉;3—高压水除鳞箱;4—精轧机;5—加速冷却装置;6—热矫直机;
7—宽冷床;8—特厚板冷床;9—检查修磨台架;10—超声波探伤装置;11—切头剪;12—双边剪和剖分剪;
13—定尺剪;14—横移修磨台架;15—冷矫直机;16—压力矫直机;17—热处理线;18—涂漆线

2.2.3 轧制区的其他设备

2.2.3.1 除鳞设备

用于去除一次氧化铁皮的除鳞设备通常装在离加热炉出炉辊道较近的地方,其结构简图如图 2-13 所示。在辊道的上下各设有两排或三排喷射集管,喷嘴装在喷头端部,喷嘴轴线与铅垂线约成 5°~15°,迎着板坯前进方向布置,便于吹掉氧化铁皮。从喷嘴喷射出来的水流覆盖着板坯的整个宽度,并使各水流之间互不干扰。上集管根据板坯厚度的变化

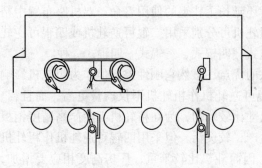

图 2-13　高压水除鳞装置示意图

设计成可以升降的形式。为加强清除氧化铁皮的效果，采用的高压水压力不断提高，最近广泛采用的压力从过去的 10MPa 提高到 15~20MPa。

去除二次氧化铁皮的高压水集管设置在轧机前后。宽厚钢板轧机的高压水集管采用分段配置，以便轧制不同宽度钢板时灵活使用。去除一次氧化铁皮的除鳞箱与去除二次氧化铁皮的除鳞箱多数共用一个高压水水源。在系统中设有储压罐，用于在除鳞的间歇期间储存水泵送来的高压水，使除鳞时高压水具有较强的冲击力。这样不但可以增强除鳞效果，而且还可以减少水泵的容量。

2.2.3.2　轧辊冷却装置

为了减小轧辊的磨损、提高轧辊的使用寿命，必须对中厚板轧机轧辊进行冷却。如果能够对轧辊辊身中间部分和两个端部独立地变化冷却水量，将会对调整轧辊辊型起到一定的效果。用于冷却轧辊的水量，随着轧制钢板的厚薄而变化。轧制较薄钢板时，为了防止钢板降温过快通常采用较小的冷却水量。轧辊冷却水使用工业用水，其压力为 0.2~0.8MPa。

2.2.3.3　旋转辊道、侧导板

设在轧机前后的辊道辊除了可与轧机轧辊协调一致地转动之外，在展宽轧制时还可以起到使板坯转向的作用，其原理如图 2-14 所示。辊道辊为阶梯形或圆锥形，相邻两个辊交替布置且转动方向相反，这样使板坯产生旋转力矩而旋转。当不需旋转钢坯时，就使所有的辊道辊向同一方向转动，作为一般辊道辊使用。旋转辊道设置在轧机的前后，双机架布置时，通常在粗轧机上进行展宽轧制，所以只在粗轧机前后设置旋转辊道。

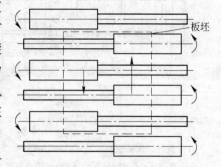

图 2-14　旋转辊道简图
（虚线表示板坯所处位置）

侧导板是用来将轧件准确地导向至轧机中心线上进行轧制而设置在轧机前后的一种装置。通常采用齿轮齿条装置，使左、右侧导板对称同步动作，在旋转钢坯时侧导板也起到重要的辅助作用。考虑到轧件的弯曲、滑动等因素，设定的侧导板宽度要稍宽于钢板宽度。为了避免板坯撞击侧导板损坏机械主体，侧导板通常设有安全装置。此外，由于可以利用侧导板夹住钢板读出钢板宽度，因此，也可以起到测宽仪的作用。

2.2.3.4　换辊装置

A　概述

缩短换辊时间对提高轧机作业率具有十分重要的意义，尤其是工作辊的换辊更为频

繁，所以必须设法缩短工作辊的换辊时间。机架结构不同，换辊时间方式不同，开口式机架采用吊车将其上横梁卸去后，用吊车吊起轧辊来进行换辊。闭口式机架要从其窗口沿水平方向抽出轧辊进行换辊。

先进的换工作辊方式多采用横移小车式、横移平台式、转盘式、三辊式。换支撑辊时，将横移小车或转盘吊走，再用换辊装置换支撑辊。

由于换辊后的新辊直径有别于旧辊直径，所以会引起轧制线的变化。调整的方法有加减垫片调整和压上装置调整两种。

B 快速换辊装置

（1）快速换辊装置具有如下优点：

1）可以将换辊时间由 45~70min（套筒换辊）减少至 5~15min，从而提高了作业率，增加了产量；

2）因快速换辊保证了工作辊的几何尺寸和表面质量，因而提高了成品的质量；

3）实现了换辊过程的机械化和自动化操作，改善了劳动条件，提高了劳动生产率。

（2）换辊操作是一个复杂的操作过程。不仅需要许多设备配合动作，而且涉及轧机内部结构。快速换辊装置应包括以下主要组成部分：

1）为加速新辊的准备和新旧辊的置换，需设专用的横移机构。用它使旧辊偏离轧机牌坊窗口中心线，同时将新辊对准牌坊窗口。

2）为了推出旧辊和拉入新辊，需设专门的推拉机构。用它将旧辊从机座中拉出到横移机构上，并将新辊送到机座中。

3）为了使工作辊组能迅速推出和拉入机座，并保证辊面不被划伤，需设有轧辊提升机构。同时还应有换辊导轨的升降机构。

4）当进行换辊操作时，如上所述，需要使辊面分离，也就是要有一定的换辊空间。为了弥补压下螺丝升降速度太慢，占去过多换辊时间，并使液压压下油缸行程不致太大，需设置专门的快速推入和拉出压力垫块或测压仪与压下油缸的机构。

5）为适应快速换辊的需要，对主接轴应有准确定位机构及轧辊轴向快速锁定机构等。

2.3 中厚板轧制操作

2.3.1 位置控制操作

2.3.1.1 概念、应用及控制过程

在指定时刻将被控对象的位置自动地控制到预先给定的目标值上，使控制后的位置与目标位置之差保持在允许的偏差范围之内，此种控制过程称为位置自动控制，通常简称为 APC（automatic position control）。

在轧制过程中 APC 设定占有极为重要的地位，如炉前钢坯定位、推钢机行程控制、出钢机行程控制、立辊开口度设定、推床开口度设定、压下位置设定、轧辊速度设定、宽度计开口度设定等都用 APC 系统来完成。

位置自动控制系统实际上是一个闭环控制系统。在位置控制过程中，控制对象的位置信号，可以通过位置检测装置和过程输入装置反馈到计算机中，与 SCC 计算机给定的位置

目标值进行比较，然后根据偏差信号的大小，由 DDC 计算机通过过程输出装置给出速度控制信号，由速度调节回路驱动电动机，对被控对象的位置进行调节，然后又将位置信号再反馈到计算机中，再比较，再输出，如此循环一直到达到目的为止。

2.3.1.2　提高位置控制精度和可靠性的措施

从轧钢生产可知，由电动机驱动的被控对象，一般都要经过减速齿轮传动，因而不可避免地会有齿隙，使电动机的转角不能总是精确地与被控对象的实际位置相对应。此外，由于被控对象机械结构和现有条件的限制，位置检测环节（如自整角机发送机）也往往不是直接与被控对象相连接，而是通过齿轮箱与电动机相连，这些齿隙就会使检测结果不能精确反映被控对象的实际位置。在需要高精度定位的情况下，就必须消除这些齿隙的影响。

2.3.1.3　间隙的消除

为了消除间隙对位置设定精度的影响，使设定结果更为准确，在位置自动控制系统中，对于某些控制回路（如带钢热连轧机的出钢机的控制、压下位置设定、立辊开口度设定、侧导板开口度设定等）必须保证设备按单方向进行设定。其方法是：不论位置设定值是在当时实际位置的前方还是后方，计算机总是使电动机最后停止前的转向为某一规定方向。例如规定某方向为正向，那么如果位置设定值在当时实际位置的后方，那就应该多退一部分，然后再正转，调到所要求的位置上。这样就保证了设备在任何情况下，都能在固定的运动方向上停车，从而消除了间隙对设定精度的影响。进行单方向设定的动作过程，如图 2-15 所示。假若规定每次都是以下压为基准，从图中可以看出，从 A 点往下压到位置设定值（即目标值）不需要特殊处理；从 B 点往上抬到超过位置设定值到假目标的位置（多抬一部分），然后再往下压到目标值的位置上。

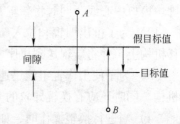

图 2-15　单方向设定的动作过程

2.3.1.4　重复设定

在有些情况下，由于减速点设置不当或设备状态的改变，虽然偏差值已达到精度要求，但在惯性作用下，设备位置仍在继续移动，结果会使设定产生误差，因此，在位置自动控制过程中，通常要继续进行三次，只有当连续三次检测的偏差值均达目标要求，才判为设定完成。

2.3.1.5　启动联锁条件的检查

当 DDC 计算机得到目标值之后，首先要检查该目标值是否合理，即检查它是否处于设备位置所能达到的最大值允许范围之内，若超出此值范围，APC 设定就不应进行，以防引起事故。

在启动 APC 设定时，如果设备条件不允许，例如对一块钢要进行压下位置设定，只有当前一块钢离开轧机以后才能进行，否则就会使前一块钢轧废，甚至造成设备事故。为了避免这种偶然事件的发生，在位置自动控制系统参与工作之前，必须检查该回路的联锁条件是否满足。对辊缝设定而言，只有在轧机的负荷继电器释放的条件下，才允许压下位置自动控制系统投入运行。

2.3.1.6 APC 装置的调零

为什么要设调零装置，这是因为压下换辊、推床检修或者 APC 装置断电而电源又恢复之后，由于电气和机械的原因，会使设备的实际位置与检测信号之间产生偏差，如果二者的数值不等，计算机给出的初始值就不准确，以此作基准算出的位移指令值肯定也不准确，因此，恢复两者对应关系的调零操作就成为 APC 开机的必要条件。

调零的方法是：设备检修之后，人到现场实测机械位置，将它作为调零的设定值，通过设定画面将它输入计算机，再按一下调零发信按钮（PBL），APC 装置便能自动进行调零的运算，自动调整 CPU 的零位起始值。APC 装置输入调零设定值后，即与 ST 检测的位置信号进行比较，然后将其差值记下来，把它作为调零的偏差值，在以后的每次 ST 检测值上再加上其值，便得到机械的实际位置值。由此可见，调零操作仅在设备经过检修人工进行一次以后，便由 APC 装置自动进行每次调零，无需人工再干预。

压下 APC 装置调零时，是采用绝对值调零方式，即上下轧辊压靠，压靠时的压力可视情况而定（如某厂定为 3MN），将此时的位置作为压下装置的零位，调零结束时应使轧辊的实际位置与显示值一致。

推床 APC 装置调零时，有两种方式，一是绝对值调零，在大修之后进行，其方法与压下调零相同。左、右推床分别以轧辊的端面（DS 侧）为零位，测量其实际位置，调零的操作与压下的一样；二是简易调零，是在 SPC、APC 电源断电又恢复后使用，使推床实际开口度与盘上推床开口度显示值一致，所以简易调零必须在绝对调零之后进行。调零的结束条件是 SPC 和 APC 电源正常后，推床实际开口度与盘上开口度显示值之间偏差值在允许范围之内。

2.3.2 轧机主要岗位调整操作

2.3.2.1 轧辊位置的调整

A 轧辊轴线在垂直面内的调整

a 下工作辊辊面标高的调整

轧机生产时，下工作辊辊面一般高出机架辊辊面（$\Delta h/2 + 5 \sim 15\text{mm}$）。所换的下支撑辊和下工作辊辊径与换前相比，相差较大时，可加减支撑辊直径差的一半和工作辊直径差的垫片厚度来调整（有压上装置的调压上来达到要求）。

b 下支撑辊水平度调整

用精度为 0.02mm 的框式水平仪在靠近辊身两个端部的辊面上先后测量水平度，每米水平度一般不得大于 0.1mm，然后根据压下螺丝中心距长度来计算所需垫片的厚度（或压上的距离），抬起下支撑辊在较低的一端放入算好厚度的垫片，落下支撑辊再复测一次。

c 上、下工作辊平行度的调整

抬起上工作辊，在辊缝两侧距辊身端部一定距离处垂直轧辊轴线放入 $\phi 5 \sim 8\text{mm}$ 的低碳钢条或铅块，缓慢压下使上辊压至 3～5mm 后抬起上辊，测量钢条或铅块最薄处厚度，两者之差不得大于 0.05mm。否则要打开电磁离合器，单独调整压下螺丝直到两端厚度差为零，则静态调整基本完成。

静态调整后，还必须实测轧后钢板两端的实际尺寸，根据两尺寸之差调整两端压下装置的上升或下降，直至差值为零，才表明轧辊在轧机内的位置是平衡的。

B　轧辊轴线在水平面内的调整

带钢轧辊轴线在水平面上的投影应重合（四辊以上的多辊轧机除外），但由于安装不当，使用过程的接触面磨损等多种原因，轧辊轴线实际不可能绝对重合在同一水平面内。因此，只要各轧辊轴线水平投影互相平行，允许轴线有稍后的错位，如叠轧薄板轧机的上下辊轴线错位达 2～5mm，借以减小板坯对轧机的冲击。

但是，带钢轧机在使用过程中，绝对不允许轧辊轴线在空间异面交错，即水平投影相交，其相交可能有两种：

（1）一个轧辊的两端分别在另一轧辊的左右两侧。

（2）一个轧辊的一端与另一轧辊一端重合，而另一端与另一轧辊的一端分开。除此之外，还可能出现轧辊在空间异面相交，且在水平方向也不平行。二者作用的结果使辊缝呈锥形，所轧带钢不等厚、不平直，有规律性的波浪分布。

对上述故障可采取下列措施予以排除：（1）检查轧辊轴承的磨损均匀程度；（2）检查轴承与机架窗口同安装间隙是否相等；（3）检查轴承座下垫片的松动情况和厚度相等程度。

轧辊在工作时不可避免地可能出现上述情形，当其偏离值较大时，可能出现轴向窜辊、机架晃动、带钢厚度不均、板形不正等事故和缺陷。因此，应尽量避免轧辊在空间形成相交和水平方向不平行等现象，以保持轧机的工作稳定性。

2.3.2.2　轧辊窜辊的调整

所谓窜辊是指轧辊在安装使用过程中，由于设备的原因，使辊端上下不能重合，出现沿轧辊轴线窜动的现象。窜辊不仅在单机座二辊轧机中较常见，在四辊连轧机中也常会发生。产生窜辊的原因有：

（1）轧辊轴承与机架的固定螺丝松动。

（2）轧辊一端的轴承与辊颈配合不紧密。

（3）轧辊放置不水平。

（4）辊缝在垂直面呈梯形，产生了沿辊面轴线方向的推力较大。

（5）沿辊身长度的辊面硬度平均值相差悬殊（包括支撑辊）。

（6）辊身两端直径（包括支撑辊）相差过大。

处理方法的基本原则是：对于（1）、（2）两种，可检查和紧固螺栓、轴承，对（3）、（4）两种，要重新调整轧辊的水平位置，属于最后两者要换辊。

2.3.2.3　零位调整

仅换工作辊而不换支撑辊时，采用以下三种方法：

（1）比较法。新换的辊径比旧的大时，需减少指针盘指示数，减少数量为新辊辊径之和与旧辊辊径之和的差值；若新辊辊径小时，则相反。

（2）估计法。将卡钳测得的实际辊缝减去估计的辊跳值（约 2 ~ 3mm）作为压下指针盘指示数，当估计的辊跳值和实际的辊跳值有偏差时，经轧制几块钢板后再用整零电机进行修正。

（3）压靠法。在轧辊平行度调整之后，把上辊压下，接近压靠前要缓慢、谨慎地压下，当上、下辊接触时，用点动方法压下，直至指针盘指数不变为止。这时开动整零电机使指针处在估计的辊跳值位置，轧几块钢板之后再用整零电机修正。

2.3.3 轧辊的使用及换辊操作

2.3.3.1 轧辊的使用要求

（1）冬季工作辊上机前应进行预热，辊温：40℃；时间：1 ~ 2 天。

（2）工作辊辊身冷却水应畅通，水管分布均匀，水压 0.2 ~ 0.4MPa，保证辊面温度不超过 60℃。

（3）轧制撬钢或刮框板后应立即停车检查辊面和上护板，如发现工作辊表面出现压痕、裂纹、掉皮及护板耳朵开裂等缺陷，应立即换辊。

（4）换辊及检修后应慢速轧制，并应减少冷却水。

（5）卡钢或跳闸时，应立即关闭冷却水，待轧件退出轧辊后，空转 15min，再适当给冷却水，过 10min 应关闭轧辊冷却水，辊缝大小为 250mm。

（6）冬季换辊后，要先进行钢坯空过轧辊烫辊，然后再进行慢速轧制，使轧辊温度逐渐升高，防止热应力断辊。

2.3.3.2 轧辊在使用过程中的破损

轧辊发生破损将显著降低其使用寿命，使吨钢轧辊消耗增高，同时还要影响轧机的作业率和轧制产品质量，因此了解轧辊的破损原因及预防方法是十分必要的。

A 破损原因

轧辊的破损有时是单一因素造成的，但多数情况下是几个因素的综合作用。通常将造成轧辊破损的因素分为轧辊制造缺陷及轧辊使用不良两大类。

属于轧辊制造方面的缺陷有：

（1）异常显微组织和夹杂物。不同使用目的的轧辊，通过调整化学成分（主要是合金元素）、采用不同的铸造（或锻造）工艺及热处理工艺来获得所需要的显微组织。如精轧机座工作辊要求有较高的硬度，其组织由渗碳体、马氏体或贝氏体组成。如果钢中有残留奥氏体，在热轧时发生相变就会因收缩应力而产生微裂纹。石墨铸铁轧辊的石墨球化不充分，将会带来强度下降而造成断辊。此外，轧辊中渗碳体过多至使轧辊耐热性和强度下降，造成轧辊掉皮、裂纹和断辊事故。热处理不当造成的晶粒粗大或混晶，轧辊中夹杂物过多都会带来轧辊强度下降，造成断辊或出现微裂纹和掉皮。

（2）残余应力。轧辊由于铸造后的收缩和热处理工艺产生残余应力，又因为在轧制过程中存在机械应力和热应力，所以要求轧辊具有良好的强韧性，因此对轧辊要进行消除应力热处理。如果辊身内部存在残余应力，再加上铸造缺陷，就有可能造成断辊或出现掉皮、裂纹等缺陷。

（3）内部缺陷。轧辊在铸造或热处理时产生的内部龟裂、位于辊颈部位的缩孔，都有可能成为辊身折断或辊身与辊颈交界处折断的原因。辊身表面下存在的气孔、气泡是造成轧辊表面掉皮的原因之一。

轧辊使用不良造成的缺陷有：

（1）压下量过大、轧制温度过低的钢板都会造成过大的轧制力，导致断辊。

（2）咬入轧件时过大的冲击力，加上轧辊存在微裂纹，也是造成断辊或掉皮的原因。

（3）新辊使用前预热不当，开轧后轧辊温升过快，或停轧后轧辊冷却过快都会引起轧辊表面与内部温差急剧变大，也会造成断辊，为此，在热轧开始时要先进行烫辊。

（4）热轧时突然发生卡钢事故时，与钢板接触的部位轧辊表面将产生热裂纹。

（5）多次使用的轧辊（如支撑辊）会产生局部疲劳，这将成为轧辊表面掉皮和产生裂纹的根源。

B　轧辊破损的预防

轧辊破损的预防要从两个方面入手。第一，入厂的轧辊要进行严格的检验，随时注意观察轧辊的使用状态，发现有缺陷应及时更换并作进一步检查和修磨。第二，在使用过程中严格遵守轧制规程及操作规程的有关规定，尤其应注意以下几点：

（1）开轧前辊身必须给水方可进行空试车。轧制时控制辊身温度不高于60℃，工作辊上机前轴承座注油室内必须充分注油，防止辊颈温度过高，一般辊颈温度不高于40℃。

（2）正确地掌握要钢速度，做到既不影响轧制，又不使板坯在辊道上停留时间过长，以防过大的温降和造成黑印。

（3）严禁轧制被高压水局部浇冷或有黑头的钢坯，低于开轧温度或温度严重不均的钢坯不准轧制，钢坯表面不清洁也不要轧制。

（4）轧件进入轧辊后，严禁带钢压下。

（5）出现夹钢事故时，辊身冷却水应立即关闭。

（6）短时间待轧，轧辊必须爬行，不要关闭辊身冷却水。处理完卡钢待轧件退出后，轧辊空转到辊身温度低于60℃时（一般15min），再由小到大缓慢加大冷却水量，恢复轧钢。

（7）停轧后关闭辊身冷却水，须再轧钢时才能开启辊身冷却水，以防轧辊产生热裂纹。

2.3.3.3　换工作辊

A　抽出工作辊

（1）将备好的上下工作辊组装成一对预上机工作辊，放在换辊小车偏离机架窗口的轨道上（出口侧轨道）。

（2）换辊前应启动扁头自动对正垂直装置，使上下万向接轴弧口中心线重合，当该装置有故障时，应人工操作尽量保证上述位置。

（3）抽辊前专人到主电室签字并确认切断主电机、机架辊、旋转辊道、主推床电源。

（4）启动压上系统，降下辊系，使下工作辊落在抽辊滑道上，并保证下支撑辊与下工作辊之间的间隙大于新装工作辊与抽出工作辊直径之差，注意压上不得降得太多，防止

"降死"。

（5）将四个专用小垫块放在下工作辊轴承座的凹坑内，保证垫块位置有利于上轧辊稳定。

（6）检查工作辊与机架辊间、工作辊滑道上是否有杂物，排料器、牌坊衬板、扁头定位丝是否脱落，中间滑道位置是否正常，如发现有铁块等杂物及脱落等异常情况，应首先处理完毕再抽辊。

（7）启动压下系统，降上辊系，使上工作辊落在下工作辊轴承座的专用垫块上，保证上下辊轴承座的凹坑对正垫块，同时使上工作辊轴承座"耳朵"下表面脱离上支撑辊轴承座提升台阶20mm，注意防止上支撑辊下辊面压靠在上工作辊的上辊面上，压下操作工应看清指挥人员手势后再操作，并注意轧制力变化和压下位置，防止"压死"。

（8）关闭万向节轴液压控制台进液阀，防止辊抽出后万向接轴上抬，接轴夹紧装置将接轴夹紧。

（9）工作辊轴端挡板打开。

（10）将换辊小车滑道对准轧机下工作辊滑道，将小车送入，插上销子，在轧机前后专人监督下抽出轧辊，发现问题及时停车。

（11）换辊小车移动，将新旧辊位置对调。

（12）将换下的轧辊吊走，抽辊后不得启动压上和压下，防止因其位置变化新辊装不进去。

B 装工作辊

装工作辊步骤与抽出工作辊步骤正好相反，装工作辊完成后，将新上机的工作辊辊径输入计算机或通知操作台操作人员。

2.3.3.4 换支撑辊

A 抽出支撑辊

（1）将工作辊拉出运走后，将支撑辊油管拆下，用吊车将换辊小车吊离。

（2）操作机内换辊轨道与换辊轨道平齐。

（3）将支撑辊换辊装置推进到挂钩位置，将挂钩与滑座连接。

（4）下支撑辊轴端挡板打开。

（5）将下支撑辊从机架拉出至换辊位置。

（6）用吊车将换辊托架安装就位，安装时由一人指挥吊车点动下落，两端有人观察换辊托架与下支撑辊轴承座的对正情况，观察人员要站在安全位置。

（7）将下支撑辊连同换辊托架一起推入机架到位。

（8）上支撑辊平衡缸下降，将上支撑辊放置在换辊马架上，上、下支撑辊轴承座与换辊马架之间通过定位销准确定位。

（9）将支撑辊平衡缸锁住。

（10）上支撑辊轴端挡板打开到位。

（11）将一对支撑辊拉出至换辊位置。

（12）用吊车将上支撑辊、换辊马架、下支撑辊分别吊出。

（13）根据新上机轧辊直径（确定垫板厚度），认真核对无误后方可装入支撑辊。

B　装入支撑辊

(1) 由一人指挥吊车，将下支撑辊放在支撑辊换辊机滑座上；支撑辊换辊马架放在下支撑辊轴承座上；上支撑辊放在支撑辊换辊马架上，上、下支撑辊轴承座与马架之间通过定位销准确定位。下落定位过程中支撑辊两端要有人观察轴承座与换辊机滑座、换辊马架与轴承座的对正情况，观察人员要站在安全位置。

(2) 观察牌坊内的装辊空间有无物件阻碍，对阻碍物件进行处理。

(3) 将组装好的一对支撑辊向机架内推进。当轴承座即将进入牌坊时，支撑辊换辊装置要点动，待轧辊轴承座顺利进入牌坊时，一直将支撑辊推进机架。

(4) 上支撑辊轴端挡板闭合到位。

(5) 将上支撑辊平衡缸解锁。

(6) 上支撑辊平衡缸上升到位。

(7) 将下支撑辊及换辊马架拉出，用吊车吊走换辊马架。

(8) 将下支撑辊推入机架到位。

(9) 将下支撑辊轴端挡板闭合到位。

(10) 人工将支撑辊推拉缸头部和滑座分离后，支撑辊换辊装置缩回到位。

(11) 用吊车将换辊小车吊起放至原位，将支撑辊油管装好。

2.3.3.5　换立辊

(1) 拆除立辊前过桥和护栏。

(2) 用点动手柄对扁头，使扁头方向与轧制方向平行，切断轧机前辊道、主轧机传动电源。

(3) 左右侧压下及平衡装置带动立辊及滑架至开口度最大位置。

(4) 用平衡缸推动轧辊至接轴正下方。

(5) 用天车 C 形钩，将主轴可伸缩套筒从法兰盘处吊起，用事先准备好的长螺栓固定在主轴上。

(6) 用手动葫芦将接轴吊离垂直方向一定角度。

(7) 拆除立辊轴承座上部的固定螺栓。

(8) 按下"立辊平衡缸前推"按钮，将立辊推至轧制中心线。

(9) 吊入大 C 形钩，并用销子将 C 形钩头部与立辊扁头连接。

(10) 将立辊吊出。

(11) 装辊顺序与抽出立辊顺序相反，注意装辊时要对扁头。

(12) 将立辊直径输入计算机或通知操作台操作人员。

2.3.4　压下操作台操作技能

2.3.4.1　交接班检查

(1) 接班后，首先切断电源，关闭电锁，关闭轧辊冷却水，确认后鸣笛通知检调人员开始检调。

(2) 检查调斜装置中电磁离合器开闭是否正常，辊缝显示是否正常。

（3）检查过平衡力是否正常，要求过平衡力不小于 65t，发现问题及时汇报。平衡力过小易造成上辊系上升速度跟不上压下系统上升速度。

（4）辊身喷淋水系统压力是否正常，喷嘴数量是否齐全，角度是否准确，水路是否畅通。辊身冷却不正常，易造成辊温不均，后果是损坏轧辊和工作辊型不稳定。

（5）了解轧辊辊型及磨损情况，了解道次压下量的给定、道次的排定和钢板厚度横向厚差。

2.3.4.2 操作要点及程序

（1）鸣笛开车现场无人后，打开电源，开动压下，电气控制系统应灵敏；各轧制参数仪表正常，压下时启动和停止迅速。

（2）轧辊压靠，调整零点，压靠力为 5 ~ 7MN，同时检查辊缝显示是否准确。

（3）一般情况下，开轧温度为 1050 ~ 1150℃，终轧温度不低于 800℃，不轧低温钢。凡遇有以下情况的坯料作为回炉处理不得轧制：1）钢坯表面有明显裂纹。2）表面有加热炉脱落的耐火材料等其他杂物，而用高压水除不尽者。3）开轧温度低于 1050℃ 及温度严重不均。4）无二次高压水除鳞或氧化铁皮明显除不净。5）连续出现三块同板差在 0.50mm 以上，应及时待温。

（4）合理分配轧制道次和每道次的压下量。根据不同的原料规格和轧制的成品尺寸，采用"横—纵"或"纵—横—纵"轧制法，合理确定纵轧压下量。参照给定的压下规程，根据不同的钢种、钢板宽度、温度、辊型合理分配压下量，以保证板形和目标厚度。

（5）正常轧制时，应不断同厚度卡量工联系，出现偏延应及时调整。开轧后前三块钢板根据实际卡量宽度及热放尺量和板形选择合理的毛板宽度并及时调整，确定展宽终了道次的辊缝和道次压下量。

（6）对允许采用负偏差轧制的钢种，尽可能采用负偏差轧制，根据辊型、钢板纵向温度差、公差范围和厚度的热放尺量，合理选择负差轧制钢板的命中厚度。

（7）同一批号应轧制同一厚度规格，如有特殊情况改变厚度规格时，应及时通知矫直机岗位工。

（8）发生轧辊压死时，打开同步轴离合器，启动精调电机或粗调电机抬辊。

（9）设备停止工作时，控制器放在零位，并将电源切断，轧辊辊缝一般应抬至 250mm 处，防止再次开轧时，因忘记摆辊缝而造成压下量过大引起的断辊事故。如需要更换机架辊或压紧缸时，应在专人指挥下将上辊抬升至最高位置。

（10）轧件进入轧辊后严禁改变压下量，避免带钢压下，损坏压下传动装置。

（11）正常生产时，每间隔五块量一次毛边板的宽度和厚度，特殊情况下逐块卡量，每隔两小时了解一次成品钢板的中厚值，发现问题及时纠正。

2.3.5 主机操作台操作技能

2.3.5.1 交接班检查

（1）检查机前机后旋转辊道、机架辊运转及冷却情况是否正常，辊面是否有留渣等黏附物，防止啃伤钢板；检查推床是否对中，偏差不得大于 15mm；检查推床面磨损情况，防止钢板走偏，破坏稳定轧制条件。

（2）测量推床开口度指示与实际宽度的误差值，因板坯几何尺寸、温度有波动，使得计算展宽量不十分准确，需要实测，不断调整展宽厚度的辊缝值。

（3）检查上、下工作辊和上支撑辊的辊面情况及工作辊的表面温度，辊面温度不得超过60℃，辊温高易产生热裂，损坏辊面。检查旋转辊道辊面温度，辊温高易黏附金属物，啃伤钢板。

（4）检查上、下工作辊的位置及导卫板的位置及间隙，有无损坏，压紧缸工作情况，汽笛是否正常。

2.3.5.2　操作要点及程序

（1）接到开车信号后，鸣笛通知轧机附近的工作人员马上离开危险区，并通知前后工序人员做好生产准备。

（2）试运转辊道、推床及主机的正反转，重点检查有没有不转的辊和自由辊，转速仪表指示是否正常，旋转辊、主机运转是否平衡。

（3）轧件调头时，应取得压下工的许可，要时刻注意来料尺寸变化，防止轧长或轧宽。

（4）喂钢时，推床必须对中送入轧件，然后立即返回，使开口度大于3m。

（5）禁止零速喂钢，咬入前轧辊转速需大于15r/min，以保证支撑辊油膜的形成。严禁带钢启动主电机，严禁带钢压下。

（6）轧制速度制度，轧辊的最高转速不得大于最高速度，一般情况展宽阶段转速选低速挡位，粗轧阶段转速选为中速挡位，精轧阶段转速选为高速挡位。

（7）辊道速度应选择与轧辊速度基本一致，接送轧件不得逆转或停转，钢板超过16m长时，接送钢板的辊道应选择联动，以避免轧件纵向划伤。

（8）轧完最后一道卡量时，听从压下工指挥。

（9）密切配合压下工，注意观察辊缝，等压下工摆好辊缝后再喂钢，轧件不得撞击导卫板。

（10）轧制过程中，时刻注意导卫板位置变化；若发现轧机上的液压系统严重漏液，应马上停车检查，向调度报告。

（11）禁止轧件在被夹持状态下开动旋转辊道，避免造成金属黏附在辊面上，啃伤钢板下表面。

（12）禁止推床夹紧钢板后电机堵转时间超过3s，夹紧轧件后，推床打到零位。

2.3.6　辊道工操作技能

2.3.6.1　交接班检查

（1）检查所属辊道运行情况，重点检查是否有死辊、自由辊、反转辊，保证钢坯及轧件的正常运送和表面质量。

（2）检查各通信系统，保证生产中信息的顺利传递。

（3）检查温度仪表是否正常，如不正常，通知自动化部仪表人员到场处理，确保品种钢轧制工艺执行的准确性。

（4）通知高压水泵房断电，确保检调人员的安全。

（5）检查水幕及喷嘴，有无堵塞，手动闸阀及电动阀门启动是否正常，保证控冷时的冷却质量。

2.3.6.2 操作要点及程序

（1）接到开车信号后，通知炉头出钢。

（2）认真检查一次除鳞效果，根据情况可除鳞1~3遍。钢坯表面仍有明显的氧化铁皮存留的及时打回炉。出现硬心，明显黑印，上下温差过大的钢坯及时打回炉。

（3）无除鳞设施时，不得轧钢，轧制中必须使用二次高压水系统清除二次氧化铁皮。

（4）控轧待温时，轧件应在辊道上往复缓慢移动，防止轧件出现黑印。

（5）及时与加热炉出钢工联系，准确了解并向压下工、主机工通报所轧坯料的品种、规格等有关参数，并将轧制规格及时通知矫直工，每四小时向成品收集台了解一次钢板中厚值。同一批号厚度变化时，通知精整剪切工。

（6）及时准确记录《轧钢岗位操作记录》。

（7）根据钢板长度合理选用辊道联动。

2.3.7 卡量工的操作要点

2.3.7.1 交接班检查

厚度热卡量工，有些车间称为轧钢联络员，主要工作内容是卡量钢板的实际厚度尺寸，及时地反馈给轧钢压下操纵工，以便及时掌握和校正压下操作，提高轧制钢板的厚度合格率。卡量工的另一个任务是根据钢板两侧厚度变化和板形变化情况，判断、掌握轧辊辊缝，及时地反馈给轧钢压下工调整辊缝以适应轧制要求。交接班检查时作业程序如下：

（1）检查热卡尺，测宽卡尺是否准确，并校正。

（2）用专用纸擦拭激光测厚仪上下接受镜，并用标准量块校对测厚仪测量精度，使其误差不大于0.05mm。

（3）检查测厚仪机身冷却水及上下冷却水箱冷却水，保证循环畅通。

（4）检查吹扫测厚仪上下镜头的压缩空气管是否畅通。

（5）检查测厚仪的操作系统、显示系统是否正常。

（6）到成品检查台了解上一班的板形及厚度情况，并及时反馈给压下工。若辊型不具备稳定轧制条件，应及时换辊或改变规格。

2.3.7.2 操作要点及程序

（1）接班后用标准量块校对激光测厚仪。

（2）正常生产时，1号或2号测厚仪开进辊道进入工作状态，以所要轧制的钢板宽度决定测厚仪的位置。若需测量钢板宽度方向的厚度分布时，应先将一侧测厚仪开进辊道，至极限位置后将其退出至正常生产时停留位置，然后再将另一台测厚仪开进，测量完毕后退出。严禁两台测厚仪同时开进辊道。

（3）接班或换规格后，前三块钢板必须卡量，卡量完毕后，退后约 2m，观察千分尺读数，然后面对轧机操作台抬起手臂，向压下工出示厚度手势信号，准确报告所测钢板的厚度尺寸，其手势信号表达方法如下：

"0"：出示拇指和食指，使两指弯成"O"形状；

"1"：出示食指，其余四指收拢在一起；

"2"：并列出示食指、中指，其余三指收拢在一起；

"3"：出示食指、中指、无名指，其余两指收回；

"4"：除拇指外；其余四指全部伸出；

"5"：出示全部五个手指；

"6"：出示拇指、小手指，其余三指收回；

"7"：五指捏在一起；

"8"：出拇指与食指叉开成反"八"字状；

"9"：出食指成钩状。

（4）一般情况下，每轧 5 张钢板必须卡量一次，并通知压下工，特殊情况块块卡量。

（5）两边卡量，两边厚度差超过 0.05 ~ 0.1mm 时，及时通知压下工，并观察钢板板形，出现异常情况及时通知压下工和主机工。

（6）每隔半小时用热卡尺测量钢板，与激光测厚仪对比，并将误差通知压下工，必要时重新用标准量块校对测厚仪和热卡尺。

（7）每隔两小时了解一次钢板中厚情况，并通知压下工。

（8）钢板表面出现杂物应及时清除。

2.4 中厚板精整操作

中厚板的精整主要包括轧后冷却、矫直、剪切和热处理等工序。

我国目前中厚板精整工艺组成基本上是两种类型：

（1）以生产碳素钢、低合金钢为一大类。这一类中厚板生产车间，其精整工艺通常由轧后冷却、热状态矫直、翻钢板、划线、剪切、修磨、标志、分类包装等组成。

（2）对于除生产上述钢种外还生产中级、高级合金钢的中厚板车间，除需具备上述必不可少的工艺外还需设有热处理、酸碱洗、探伤等工艺处理。

2.4.1 冷却

2.4.1.1 冷却方式

钢材的冷却是保证钢材质量的重要环节。根据钢材品种及钢种的不同，冷却方式可以采用自然冷却（空冷）、强制冷却（风冷、水冷）、缓慢冷却（堆冷、缓冷）等几种方式。

A 自然冷却

自然冷却指轧制终了后钢材在冷床上自然空气冷却。当冷床有足够的工作面积，而对钢材的组织及性能又无特殊要求时，大都可以采用这种冷却方式，例如普碳钢。

B 强制冷却

当冷床面积较小或对钢材的力学性能或内部组织有一定的要求时，可采用强制冷却。

根据强制冷却时的冷却速度，又可将其归纳为以下两种情况。

a 喷雾冷却

喷雾冷却用特殊嘴头使冷却水变成雾状水滴，用另一个嘴头喷射出的压缩空气将细雾珠吹到钢板上。

虽然喷雾冷却在高温钢板产生激烈的上升气流的情况下不适用，但在钢板温度稍微下降的状态下，却能不弄湿钢板，并以快于空冷的速度均匀地使之冷却。细雾珠到达需要冷却的钢板上时，几乎在瞬间蒸发，并带走蒸发潜热以冷却钢板而不会产生沸腾膜，不弄湿钢板，从而不会使钢板生锈。

喷雾冷却装置，设置在冷床出侧，以增加冷却效力，或用于热处理设备。

b 喷水冷却

喷水冷却即在钢材上直接喷水的冷却。这种方法的作用：提高冷床的利用率，提高钢材的力学性能，还可以减小由于冷却不均所产生的弯曲。带钢可于轧制后在辊道运行过程中立即进行喷水冷却。

C 缓慢冷却

缓冷一般是为了让钢中有害元素氢得到扩散。冷却高级特厚钢板时使用缓冷装置。

2.4.1.2 冷床

冷床的结构形式有滑轨式冷床、运载链式冷床、辊式冷床、步进式冷床和离线冷床五种结构形式。

A 滑轨式冷床

这种冷床一般由具有一定距离的钢轨（或灰口铸铁作成）和带有拨爪的拉钢机组成。拉钢机有钢丝绳的，有链条式的。链式拉钢机又有单拨爪和多拨爪之分，特点是结构比较简单，造价低廉，在比较老的中厚板车间使用。这种滑轨式冷床，由于钢板在滑轨上被拉钢机拉着滑动，钢板下表面划伤是不可避免的，散热不好。

B 运载链式冷床

这种冷床是在滑轨式冷床基础上，经改革而成。它的特点是：钢板下表面只与运载链接触，并保持相对静止，完全脱离滑轨，而运载链则托在滑槽内。这种冷床，虽解决了钢板下表面划伤问题；但链子很多很重，磨损严重，易发生故障，在我国使用不太广泛。

C 辊式冷床

辊式冷床由滑轨式冷床改造而成，分为小辊式和全辊式两种。前者仍用钢丝绳拖运，小辊是被动的，只起撑托钢板作用，改滑动摩擦为滚动摩擦，减轻了钢板下表面的划伤。全辊式冷床，各辊子都是主动同步转动的，顺作业线布置，辊呈圆盘状并相互交错布置，故称圆盘辊式冷床。

D 步进式冷床

这种冷床的载运活动梁，由电动机经减速机、轴和杠杆而驱动的。电动机应该是同步的，否则会因为不协调的动作而使钢板的下表面发生损坏。

通过上述对步进式冷床的分析，可以归纳出下述几个方面的优点：

（1）运送钢板时，钢板与固定横梁（或滑条）之间没有滑动或滚动摩擦，钢板下表面不会产生划伤。

（2）冷床的冷却面积对各种不同宽度的钢板，均能得到充分的利用。

（3）冷床有一个均匀而严密的机械平面，因此钢板冷却后很平直，使钢板的再矫直量减小。

（4）无论是固定梁条，还是载运活动梁条，在其与钢板的接触面上，均有密布的孔眼，冷空气能够无阻地通过这些孔眼冷却钢板的下表面；并且钢板与固定梁条和活动梁穿的接触时间相同，故在这种冷床上，不但冷却速度较快，而且冷却较均匀，从而使钢板有较均匀的组织和性能。

（5）钢板除了可以向前运送外，也可以向后运送，便于生产操作和调整。

由于步进式冷床有这些方面的优点，因此，这种冷床对钢板生产的发展有促进作用，是有使用前途的一种冷床形式。

但这种冷床的投资较其他冷床大，维修也较其他冷床困难。

从输入辊道至冷床和从冷床至输出辊道的移送，为避免钢板下表面划伤都采用提升送进的方式。

E　离线冷床

离线冷床不像在线冷床那样边传送边冷却钢板，而是固定在一个地方冷却钢板。用钢架或滑轨排列成一个平台，构造简单。钢板用桥式起重机或专用吊具搬入搬出。

这种冷床主要用于冷却特厚钢板。

2.4.1.3　水冷装置

水冷装置分为一般水冷装置和控制水冷装置，一般布置在轧机后，矫直机前。

A　一般水冷装置

如图 2-16 所示，将总管道的水引到作业线，在辊道上下方设置比较密集的支水管，每一根支水管上钻有 1~3 排、直径 $\phi3~6mm$ 的小孔，管道中的水靠自来水压力或压力泵向钢板上下表面浇水或喷水冷却。

冷却水的供应靠手动或电磁切断阀控制。冷却效果则取决于工人的操作经验。

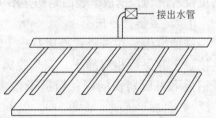
接出水管

图 2-16　一般水冷装置示意图

B　层流冷却装置

层流冷却在我国近年来发展较快，有柱状层流和幕状层流两种，关键在于喷管形式。柱状层流装置有许多虹吸喷管，这种装置采用微压力控制，控制精度较高。但存在着较明显的缺点，就是管内容易积垢，故对冷却水的质量要求较高。幕状层流冷却能力较柱状层流大，设备简单，易于维修，占线短，对冷却水的质量要求不高，但冷却精度较差一些，除可用于轧制以后的冷却外，还可以用于中间的毛板冷却，实现控制轧制。

对于下表面通常都采用喷射水的方式进行冷却。

2.4.1.4　缓冷装置

缓冷装置的形式有缓冷坑和缓冷罩两种。

A 缓冷坑

在地面上挖掘一个坑，其周围砌筑有耐火砖使之充分保温，在其中装进需要缓冷的钢板并盖上盖子，以进行保温并使钢板缓冷。缓冷坑的保温状态较好。为了监视钢板的缓冷状况，有的装有温度检测装置，有的甚至还装有烧嘴或升温装置。

B 缓冷罩

将钢板放在隔热的平台上，然后在其上面盖上罩子。罩一般是用钢板制造的，内侧用可铸耐火材料等不定形耐火材料来保温。

还有不专门设置缓冷罩的，每当缓冷时就用珍珠岩、高岭石矿渣棉等不定形隔热材料直接覆盖。

2.4.1.5 冷却缺陷及防止

钢板在冷却过程中，由于冷却设备不完善，操作不当等原因造成各种不同性质的钢板缺陷。

A 钢板瓢曲

特征：钢板在纵横方向同时出现同一方向的板体翘曲或呈瓢形。

产生原因：主要是由于浇水量过大（冷却速度过快），或上下表面冷却不均造成。

处理方法：适当增加矫直机的压下量，反复矫直，瓢曲严重的报废；若数量较大，也可以采用常化炉加热后再矫直。

预防措施：严格执行工艺标准，严格控制上下喷水量，使钢板表面冷却均匀，减小上下表面温度差。

B 产生魏氏组织

特征：晶粒呈针状，彼此之间呈 $60°$ 或 $120°$ 角分布，组织粗糙而且不均匀，综合性能较差。

产生原因：在终轧温度较高时，轧后冷却速度太快所致。

处理方法：采用完全退火或正火处理。

C 混号

冷却操作造成的混号事故主要是在床面上推混，即把两个炉号的钢推在一起，或在下床收集时造成，另外，跑号工没有盯住最后一根也能造成混号。

一旦发生混号时，冷床应立即停止操作，迅速处理，如果混得不太严重，可以用前后数根数的方法查找。如果混得严重，批量也多，则要先积压起来，需要取样化验才能确认。

2.4.2 矫直

2.4.2.1 概述

钢板在热轧时，由于板温不可能很均匀，延伸也存在偏差，以及随后的冷却和输送原因，不可避免地会造成钢板起浪或瓢曲。为保证钢板的平直度符合产品标准规定，对热轧后的钢板必须进行矫直。

中厚板的矫直设备可大致分为辊式矫直机和压力矫直机两种。如图 2-17 所示，辊式矫直机上下分别有几根辊子交错地排列，钢板边通过边进行矫直。压力矫直机有两个固定支点支撑钢板，压板施加压力而进行矫直。

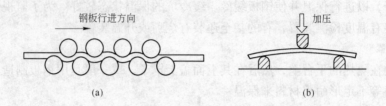

图 2-17　矫直机
（a）辊式矫直机；（b）压力矫直机

　　一般在厚板厂使用的辊式矫直机有三种：热矫机、冷矫机、热处理矫直机。

　　热矫机设置在轧制线的轧机后方，它是矫直热钢板的。冷矫机在精整工序，矫直冷钢板。热处理矫直机通常设在热处理炉的出口侧，矫直经过热处理的钢板。

　　热矫直是使板形平直不可缺少的工序。用于轧制线上的中厚板矫直机有二重式和四重式两种。有些中板厂配备两台热矫直机，一台用来矫直较薄的钢板，一台用来矫直较厚的钢板。目前现代化中厚板厂为了满足高生产率和高质量的要求都改为安装一台四重式热矫直机。几种二重式与四重式热矫直机的矫直辊布置见图 2-18。

　　矫直机辊数多为 9 辊或 11 辊。矫直终了温度一般在 600 ~ 750℃，矫直温度过高，矫直后的钢板在冷床上冷却时还可能发生翘曲；矫直温度过低，钢的屈服强度上升，矫直效果不好，而且矫直后钢板表面残余应力高，降低了钢板的性能，特别是冷弯性能。

　　为了矫直特厚钢板和对由于冷却不均等原因产生的局部变形进行补充矫直，在中厚板厂还设有压力矫直机，可以矫直厚度达 300mm 的钢板，矫直压力为 5 ~ 40MN。为矫直高强度钢板还设置了高强冷矫机，可以矫直 50mm 厚、4250mm 宽的钢板。

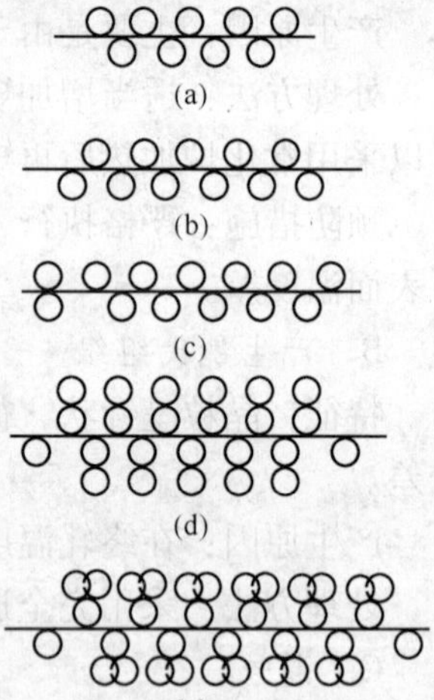

图 2-18　热矫直机矫直辊布置图

　　随着控轧控冷工艺技术的应用，终轧与加速冷却后的钢板温度偏低（450 ~ 600℃），而钢板的屈服强度提高很多。因而对热矫直机的性能提出很高的要求，即在低温区对厚板能进行大应变量的矫直工作，从而促进了热矫直机向高负荷能力和高刚度结构发展。为提高矫直质量，而且要求矫直的板厚范围也扩大了许多。所以，出现了所谓第三代热矫直机，其主要特点是高刚度、全液压调节及先进的自动化系统。

2.4.2.2　矫直缺陷及防止

A　矫直浪型

主要特征：沿钢板长度方向，在整个宽度范围内呈现规则性起伏的小浪形。

产生原因：钢板矫直温度过高，矫直辊压下量调整不当等因素造成。

处理方法：返回重矫或改尺。

B 矫直辊压印

主要特征：在钢板表面上有周期性"指甲状"压痕，其周期为矫直辊周长。

产生原因：由于矫直辊冷却不良，辊面温度过高，使矫直辊辊面软化，在喂冷钢板时，钢板端部将矫直辊辊面撞出"指甲状"伤痕，反印在钢板表面上。

处理方法：对辊面有伤痕的部位进行修磨，钢板压印用砂轮打磨可处理掉。

预防措施：不喂冷钢板，并保证辊身有足够的冷却水，加强辊面维护。

2.4.3 剪切

2.4.3.1 中厚板剪切机的基本类型和特点

剪切机是用于将钢板剪切成规定尺寸的设备。按照刀片形状和配置方式及钢板情况，在中厚板生产中常用的剪切机有：斜刀片式剪切机（通称铡刀剪）、圆盘式剪切机、滚切式剪切机三种基本类型。其中，我国应用最多的是斜刀片式剪切机，其次是圆盘式剪切机。滚切式剪切机是近年来出现的一种新型剪切机，它在现代化的中厚板生产中将具有更多的优越性。三种剪切机刀片配置如图 2-19 所示。

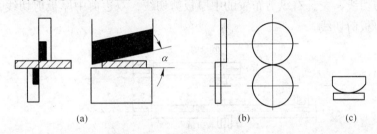

图 2-19 剪切机刀片配置
（a）斜刀剪；（b）圆盘剪；（c）滚切剪

对上述三种类型剪切机的特点分述如下。

A 斜刀片剪切机

这种剪切机的两个剪刃是成某一角度配置的，即其中一个剪刃相对于另一个剪刃是倾斜配置的。在生产中多数上刀片是倾斜的，其倾斜角度一般为 1°~6°，如图 2-19（a）所示。其特点如下：

（1）适应性强。对钢板温度适应性强，既适用于热状态也运用于冷状态钢板的剪切；对钢板厚度适应性强，40mm 以下的钢板均能剪切。

（2）剪切力比平行刃相对减小，能耗低。这是因为上刀片具有一定倾斜角，使刀片与钢板接触长度缩短，对同样厚度的钢板，其剪切力比平行刃大大降低。

（3）斜刀片剪断机的缺点：一是剪切时斜刃与钢板之间有相对滑动；二是由于间断剪切，空程时间长，剪切速度慢，产量低。

B 圆盘式剪切机

圆盘式剪切机的两个刀片均是圆盘状的，如图 2-19（b）所示。这种剪切机常用来剪切钢板的侧边，也可用于将钢板纵向剖分成窄条。圆盘剪一般均要配有碎边机构。其特点如下：

（1）一般剪切厚度限于 25mm 以内；

（2）可连续纵向滚动剪切，速度快，产量高，质量好，对带钢的纵边剪切更能显示出它的优越性；

（3）对于单片的小批量生产，规格品种，特别是钢板宽度变换频繁的生产方式，则需要频繁调整其两侧边剪刃间的距离。

　　C　滚切式剪切机

滚切式剪切机是在斜刃铡刀剪的基础上，将上剪刃做成圆弧形，如图 2-19（c）所示。上剪床在两根曲轴带动下，使上剪刃由一端开始向另一端逐渐接触，类似圆盘剪的间断剪切，它可用来剪切钢板的头尾，也可用于剪钢板的侧边。它的特点是：同斜刃剪相比钢板预防措施：严格控制矫直温度，正确调整矫直压下量。滑动小，开口度两侧对称均匀，剪切质量好，钢板通过顺利，相同能力时，滚切剪设备质量轻。

2.4.3.2　剪切线的布置

1958 年以来中厚板剪切设备组成及布置上的变化见图 2-20。主要布置形式有四类：中厚板圆盘剪剪切线，左、右纵剪布置的中厚板剪切线，双边剪中厚板剪切线，近接布置的联合剪断机厚板剪切线。

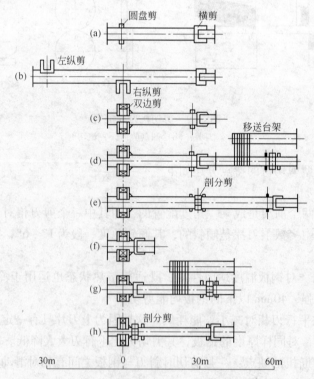

图 2-20　中厚板剪切线布置的变化

（a）中厚板圆盘剪剪切线；（b）左、右纵剪布置的中厚板剪切线（1963 年前）；

（c），（d），（e）双边剪中厚板剪切线（1963 年后）；

（f），（g），（h）近接布置的联合剪断机厚板剪切线（1968 年后）

由于用剪切机来剪切厚度超过 50mm 的钢板是不经济的，因此超过 50mm 的钢板都用火焰切割器来剪切和定尺。

2.4.3.3 火焰切割

厚度大于 50mm 的厚钢板一般采用火焰切割，也称氧气切割。中厚板厂的火焰切割机主要有移动式自动火焰切割机和固定式自动火焰切割机，其基本装置是氧气切割器，以及安装切割器的电动小车。在国外，已使用等离子切割新技术切割中厚板，其优点是切割速度快、切割引起的变形小、质量好。

影响火焰切割的因素有割嘴大小及形状，使用气体种类、纯度及压力，切割钢板材质与厚度及表面状况，切割速度，预热焰的强度，切割钢板的温度，割嘴与钢板间的距离，割嘴的角度等。

2.4.3.4 轧件剪切过程分析

轧件的整个剪切过程可分为两个阶段，即刀片压入金属与金属滑移。压入阶段作用在轧件上的力，如图 2-21 所示。

对平行刀片剪切机的研究表明，剪切过程可更详细地分为以下几个阶段：刀片弹性压入金属，刀片塑性压入金属；金属滑移；金属裂纹萌生和扩展，金属裂纹失稳扩展和断裂。

热剪时，刀片弹性压入金属阶段可以忽略。在刀片塑性压入金属阶段，刀片和轧件接触面处产生宽展现象，常给继续剪切带来困难或缺陷。金属滑移阶段开始后，宽展现象才停止。由于热剪时金属滑移阶段较长，轧件断裂时的相对切入深度就较大。

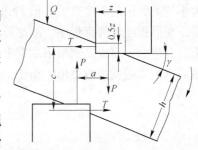

图 2-21 平行刀片剪切机剪切时作用在轧件上的力

冷剪时，刀片弹性压入金属阶段不可忽略，而且由于材料加工硬化，金属裂纹萌生较早，在刀片塑性压入金属阶段甚至在刀片弹性压入金属阶段就已产生裂纹，故金属滑移阶段较短，断裂时的相对切入深度就较小。

2.4.3.5 剪切缺陷及消除

A 毛刺

在钢板头尾沿整个剪切线向上或向下突起的尖角称为毛刺。上毛刺一般发生在钢板尾部，下毛刺一般发生在钢板头部。

毛刺产生的原因：由于上下剪刃的间隙过大，或剪刃剪切面以及上表面的尖角磨损过大所造成。其产生过程如图 2-22 所示。

消除方法：只要消除造成剪刃间隙过大的各种因素，毛刺即可减小或消除。

首先，要经常保持下剪床的固定螺丝和抽出下剪床的螺丝紧固，不松动。

其次，上剪床的铜滑板要保持有足够的润滑油，防止磨损，一旦磨损后立即加垫调整，使之保证与下剪床的距离不变。

再次，上下剪刃接触面磨损到一定程后要立即更换。

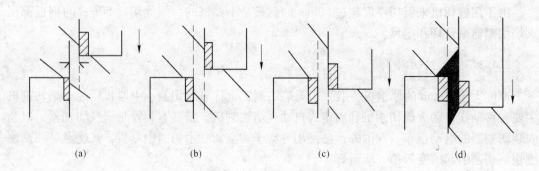

$$(a) \qquad (b) \qquad (c) \qquad (d)$$

图 2-22　剪刃间隙过大造成毛刺产生的过程

B　钢板尾部拱形

特征：钢板尾部拱形出现在钢板的板头和钢板末端，其断面呈圆弧形的弯曲如图 2-23 所示。h 的大小与钢板厚度有关，钢板愈厚拱形愈小，反之钢板愈薄，拱形愈大。

产生原因：在剪切钢板头部时，板头被切开的一段受上剪床向下的压力随之向下弯曲，直到板头全部被剪掉，整张钢板形成弧形。拱形形成的过程如图 2-24 所示。弧形的大小与上剪床的斜度有关，倾斜角愈大，弧形愈大，钢板愈厚，受到上剪床的压力变形后，变形程度较薄钢板小，故拱形较小，同理，在剪切钢板末端时，钢板尾留在下剪床上面没有弯曲，而成品钢板末端受上剪床的压力，故在剪口处就开始弯曲变形，直到全面剪断后钢板末端就形成拱形。由于钢板体积比板头大，故变形程度也较板头小得多。

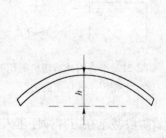

图 2-23　拱形钢板断面示意图

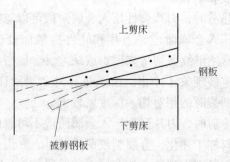

图 2-24　拱形断面形成过程示意图

2.4.4　热处理

对力学性能有特殊要求的钢板还需要进行热处理。近年来中厚钢板生产中虽然已经广泛采用了控制轧制、控制冷却新工艺，并收到了提高钢板的强度与韧性、取代部分产品的常化工艺的效果。但是控制轧制、控制冷却工艺还不能全部取代热处理。热处理仍然用于一些产品的常化处理和低合金高强度钢的调质处理，并且热处理产品仍然具有整批产品性能稳定的优点。因此现代化的厚板厂一般都带有热处理设备。

2.4.4.1　热处理工艺流程

中厚板生产中常用的热处理作业有常化、淬火、回火、退火四种。下面举例说明钢板热处理工艺流程。

A 奥氏体不锈钢板

奥氏体不锈钢板热处理再经酸洗交货，典型的热处理方法为固溶处理。其流程为：收料→排生产计划→装炉→加热→保温→冷却（水冷或空冷）→矫直→取样→垛板→标号→交酸洗。

B 马氏体不锈板

马氏体不锈板热处理之后再经酸洗交货，典型的热处理方法是退火。其流程是：收料→排生产计划→装炉→扣罩→加热→保温→炉冷→吊罩→出炉→矫直→取样→垛板→标号→交酸洗。

C 低合金钢

低合金钢为正火状态交货。其流程为：收料→排生产计划→装炉→加热→保温→冷却（空冷）→矫直→取样→垛板→入库。

D 调质板

调质板为调质状态交货。其流程为：收料→排生产计划→装炉→加热→保温→冷却（通常水冷）→矫直→垛板→标号→装炉→加热→保温→冷却→矫直→取样→垛板→标号→入库。

其他处理方法如高温回火，用辊底炉处理和正火工艺流程相同，用罩式炉处理和退火工艺流程相同。

2.4.4.2 热处理设备

中厚钢板热处理炉按运送方式分为辊底式、步进式、大盘式、车底式、外部机械化室式及罩式六种。按加热方式分为直焰式和无氧化式两种。淬火处理用的淬火机有压力式和辊式之分，淬火用介质有水和油两种。

2.5 中厚钢板轧制工艺制度的制定

2.5.1 压下规程的制定

理论法制定压下规程是从制定规程的原则和要求出发，例如，从力矩和板形的限制条件出发，计算出较合理的压下规程及各道次的空载辊缝。理论方法比较复杂麻烦，只有在计算机控制的现代化轧机上，才有可能按理论方法进行轧制规程的在线计算和控制。

近年来国外对厚板轧制计算机控制技术及数学模型的研究发展很快。日本鹿岛及和歌山两制铁所的厚板厂研制了"板比例凸度一定（即相对凸度恒定）"的压下规程计算方法及数学模型，其基本思路是精轧阶段前期按最大力矩限制条件进行设定计算，中间作过渡缓和处理，最后阶段按板比例凸度一定原则进行设定计算。为了保证板形精度，采用由成品道次向上逆流计算各道次压下量的方式。基本计算顺序如图 2-25 所示。

（1）由已知的成品厚度 h_0、板凸量 δ、轧辊辊型凸度 ΔD_y、轧辊热凸度 ΔD_t 及弯辊力 P_w 影响，利用以下关系式反算出成品 n 道次的轧制力 P_n，即

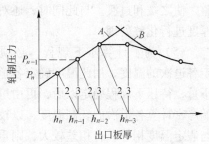

图 2-25 压下规程计算顺序
h—成品厚度；A—由板凸度一定确定的压下量；B—由力矩限制的压下量

$$\delta = \alpha_p P_n - \alpha_y \Delta D_y - \alpha_t \Delta D_t - \alpha_{pw} P_w$$

式中　α_p，α_y，α_t，α_{pw}——与轧辊直径有关的系数。

（2）然后由此 P_n 及 h_n，利用如下数学模型求出压下量 Δh 及轧前厚度 h_{n-1}，即 H。

$$\ln P = a + b\ln\varepsilon + c(\ln\varepsilon)^2$$

由此可得

$$\varepsilon = \exp\frac{-b + [b^2 - 4c(a - \ln P)]^{1/2}}{2c}$$

$$\Delta h = [\varepsilon/(1 - \varepsilon)]h$$

$$H = \Delta h/\varepsilon$$

式中　a，b，c——系数；

　　　H，h——入口及出口或轧前及轧后厚度；

　　　ε——压下率，$\varepsilon = \Delta h/H$。

同时还从咬入能力、许用轧制压力及轧制力矩出发计算出许用压下量，使实际压下量不超过这些许用压下量的最小值。

（3）成品前道 $n-1$ 出口厚度求出后，由"板比例凸度一定"的条件再求 $n-1$ 道的轧制压力 P_{n-1} 依此顺次向上计算出各道次的板厚。

（4）随着道次往上推移，板料变厚了，实际上板形的限制条件可以放宽，此时若仍按照"板比例凸度一定"的原则计算下去，就会如图 2-25 中 A 线所示，使轧制压力不断提高。待上溯到一定道次就受到许用力矩条件的限制，再往上由力矩条件限制的许用轧制压力便逐渐减小，此时压下量主要取决于力矩的限制。如图 2-25 所示，这样将在粗轧道次和精轧道次之间产生急剧的压力变化，对板形及设备都不利，因此应该对中间道次的压下量及相应的轧制压力作适当的调整，使之缓和过渡。与此同时，还对各道次厚度进行化整处理。

（5）为了计算压下规程，必须初步假定各道次的温度，用此温度确定各道次的压下量，待压下规程确定以后，再由第一道开始严密计算各道次的轧制温度，以校核是否与假定温度相等。若相差较大，则重新修正各道次温度。这样通过逐步逼近计算，直至使假设温度与计算温度相近似为止。采用以上计算顺序方法的流程如图 2-26 所示。确

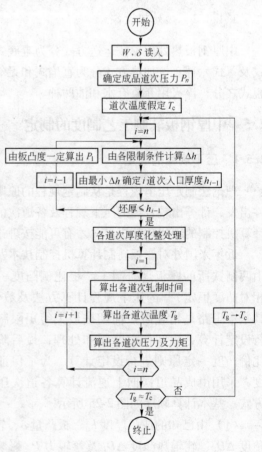

图 2-26　压下规程计算顺序流程

定的压下规程新方案如图 2-27 所示。

最后应该指出：

（1）无论采用经验法还是半理论的计算机计算方法确定压下规程，各道次的轧制压力计算都是至关紧要的，因此提高各种压力公式或压力模型的精确度就成为重要的研究课题。

（2）压下规程所确定的是轧件各道次的轧出厚度 h_i，而不是各道次的辊缝值。轧钢生产时无论是人工操作还是采用轧辊位置预设定的计算机控制，都需要确定辊缝值。前者是按操作人员的经验确定，而后者则应根据轧机刚性系数用弹跳方程求出轧机的弹跳值：

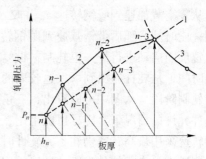

图 2-27　确定压下规程的新方案
1—板比例凸度一定的控制方案；
2—该厂的控制方案；3—由力矩
限制决定的压下量

$$\Delta S = (P_i - P_0)/M$$

进而求出轧辊辊缝预设定值：

$$S_0 = h_i - (P_i - P_0)/M$$

式中　　S_0——轧辊辊缝预设定值；

h_i——各道次轧件轧出厚度；

P_i——该道次的轧制压力；

P_0——选定的轧机预压力；

M——轧机刚性系数。

为使轧辊辊缝预设定值精确，要对轧机刚性系数和轧制压力等根据实际情况进行各项修正。

2.5.2　速度制度的制定

二辊或四辊可逆式中厚板轧机由于可以随时改变轧辊的转向和转速，所以从尽量缩短轧制周期、提高轧机产量的角度出发，有必要采用可以调速、可以逆转的轧制速度制度。

轧制速度图描述了可逆式轧机一个轧制道次中轧辊转速的变化规律。它分为两种类型，图 2-28 分别示出了梯形轧制速度图和三角形轧制速度图。轧辊咬入轧件之前，其转

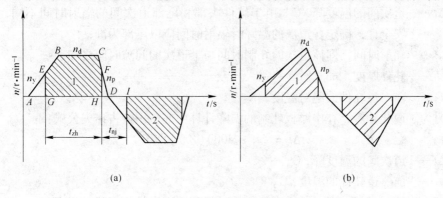

(a)　　　　　　　　　　　　(b)

图 2-28　两种轧制速度图
（a）梯形速度图；（b）三角形速度图

速从零空载加速到咬钢转速 n_y 并咬入轧件，然后轧辊带钢加速达到最大转速 n_d 并等速轧制一段时间，随后带钢减速到抛钢转速 n_p 抛出轧件，轧辊继续制动空载减速到零，然后轧辊反向启动进行下一道轧制，重复上述过程。从咬入到抛出轧件的总时间为本道次的纯轧时间，从轧件抛出到下一道咬入的总时间为两道次间的间隙时间。三角形速度图没有等速轧制阶段。从图中可以看出，三角形速度图的轧制节奏时间比梯形速度图短，因此，在条件允许的情况下，应尽可能采用三角形速度图。只有当电机能力不足，或轧件过长，轧辊转速采用最高转速仍轧不完轧件时，才采用梯形速度图。一般情况是在成型轧制和展宽轧制道次，由于轧件尚短，所以采用三角形速度图。在伸长轧制阶段多采用梯形速度图。

轧辊咬入和抛出转速确定的原则是：获得较短的道次轧制节奏时间、保证轧件顺利咬入、便于操作和适合于主电机的合理调速范围。咬入和抛出转速的选择不仅会影响到本道次的纯轧时间，而且，还会影响到两道次间的间隙时间。在保持转速曲线下面积相等（轧件长度一定）的原则下，采用较高的咬入，抛出转速会使本道次纯轧时间缩短，而使其间隙时间增加，因此，咬入和抛出转速的选择应当兼顾上述两个因素。

由于压下动作时间随各道次压下量而定，轧辊逆转、回送轧件时间可以根据所确定的咬入、抛出转速改变，所以考虑这三个时间的原则应当是：压下时间大于或等于轧辊逆转时间，要大于或等于回送轧件时间。这样轧辊咬入和抛出转速的选择就应当本着在调整压下时间之内完成轧辊逆转动作和在保证可靠咬入的前提下获得最短轧制时间这个原则。目前，可逆式中厚板轧机粗轧机的轧辊咬入和抛出转速一般在 10～20r/min 和 15～25r/min 范围内选择。精轧机的轧辊咬入和抛出转速一般在 20～40～60r/min 和 20～30r/min 范围内选择。

间隙时间的确定，根据经验资料在四辊轧机上往复轧制，不用推床对中时间隙时间 t_{nj} 理论上应等于轧机调整压下所需时间，实际上可取 $t_{nj}=2～2.5s$。若需定心时，当 $L\le 8m$ 时取 $t_{nj}=6s$；当 $L>8m$ 时取 $t_{nj}=4s$。

2.5.3 温度制度的确定

为了确定各道次的轧制温度，必须求出各道次的温度降。高温时的轧件温度降可按辐射散热计算，而且认为对流和传导所散失的热量大致可以与变形功所转换的热量相抵消。由于辐射散热所引起的温降可由下列近似式计算：

$$\Delta t = 12.9Z/h \times (T_1/1000)^4$$

式中　Δt——道次间的温度降，℃。由于轧件头部和尾部道次间的辐射时间不同，为设备安全计，确定各道次的温降时辐射时间应以尾部为准；

　　　Z——辐射时间，即该道次的轧制时间与上道次的间隙时间之和，s；

　　　h——轧件厚度，mm；

　　　T_1——前一道轧件的绝对温度，K。

有时为了简化计算，在中厚板轧制的温降计算中亦可用恰古诺夫公式：

$$\Delta t = (t_1 - 400)(Z/h_1)/16$$

式中　Δt——道次间的温度降，℃；

　　　t_1——前一道轧件的温度，℃；

　　　Z——轧制时间，即前一道次的纯轧时间和两道次间的间隙时间之和，s；

　　　h_1——前一道次轧件的厚度，mm。

2.6 中厚板的控制轧制、控制冷却技术

2.6.1 概述

长期以来作为热轧钢材的强化手段，或是添加合金元素，或是热轧后进行再热处理。这些措施既增加了成本又延长了生产周期；在性能上，多数情况下是在提高了强度的同时降低了韧性及焊接性能。控制轧制与普通热轧不同，其主要区别在于它打破了普通热轧只求钢材成型的传统观念，不仅通过热加工使钢材得到所规定的形状和尺寸，而且要通过钢的高温变形充分细化钢材的晶粒和改善其组织，以便获得通常需要经常化处理后才能达到的综合性能。因此，从工艺效果上看，控制轧制既保留了普通热轧的功能，又发挥出常化处理的作用，使热轧与热处理有机结合，从而发展成为一项科学的形变热处理技术和节省能源的重要措施。

控制轧制（controlled rolling）是在热轧过程中通过对金属加热制度、变形制度和温度制度的合理控制，使热塑性变形与固态相变结合，以获得细小晶粒组织，使钢材具有优异综合力学性能的轧制新工艺。

控制冷却（controlled cooling）是控制轧后钢材的冷却速度达到改善钢材组织和性能的新工艺。控制轧制和控制冷却相结合能将热轧钢材的两种强化效果相加，进一步提高钢材的强韧性和获得合理的综合力学性能。

2.6.2 控制轧制的种类

钢在控制轧制变形过程中或变形之后，钢组织的再结晶对钢的控制轧制起决定性作用，尤其是控轧时变形温度更为重要。因此，根据钢在控轧时所处的温度范围或塑性变形所处的过程，即在再结晶过程、非再结晶过程还是 γ-α 相变的两相区过程中，从而将控轧分为三种类型：

（1）高温控制轧制（再结晶型控轧，又称 I 型控轧制）。如图 2-29（a）所示。轧制全部在奥氏体再结晶区内进行，有比传统轧制更低的终轧温度（950℃左右）。它是通过奥氏体晶粒的形变、再结晶的反复进行使奥氏体再结晶晶粒细化，相变后能得到均匀的较细小的铁素体珠光体组织。在这种轧制制度中，道次变形量对奥氏体再结晶晶粒的大小有主要的影响，而在奥氏体再结晶区间总变形量的影响较小。这种加工工艺最终只能使奥氏体

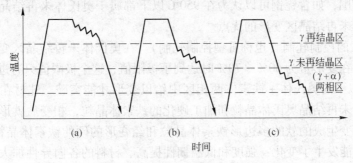

图 2-29 控制轧制分类示意图

（a）高温控制轧制；（b）低温控制轧制；（c）（γ+α）两相区控制轧制

晶粒细化到 20~40μm，相转变后也只能得到 20μm 左右（相当 ASTM№8 级）较细的均匀的铁素体。由于铁素体尺寸的限制，因此热轧钢板综合性能的改善不突出。

（2）低温控制轧制（未再结晶型控制轧制又称 II 型控轧）。为了突破 I 型控制轧制对铁素体晶粒细化的限制，就要采用在奥氏体未再结晶区的轧制。由于变形后的奥氏体晶粒不发生再结晶，因此变形仅使晶粒沿轧制方向拉长，并在晶内形成变形带。当轧制终了后，未再结晶的奥氏体向铁素体转变时，铁素体晶核不仅在奥氏体晶粒边界上，而且也在晶内变形带上形成（这是 II 型控制轧制最重要的特点），从而获得更细小的铁素体晶粒（可以达到 5μm，相当于 ASTM№12 级），因此使热轧钢板的综合力学性能尤其是低温冲击韧性有明显的提高。奥氏体未再结晶区的轧制可以通过低温大变形来获得，也可通过较高温度的小变形来获得。前者要求轧机有较大的承载负荷的能力，而后者虽对轧机的承载能力要求低些，但却使轧制道次增加，既限制了产量也限制了奥氏体未再结晶区可能获得的总变形量（因为温降的原因）。

在对未再结晶区变形的研究中发现，多道次小变形与单道次大变形只要总变形量相同则可具有同样的细化铁素体晶粒的作用，即变形的细化效果在变形区间内有累计作用，所以在奥氏体未再结晶区内变形时只要保证必要的总变形量即可。比较理想的总变形量应在 30%~50%（从轧件厚度来说，轧件厚度等于成品厚度的 1.5~2 倍时开始进入奥氏体未再结晶区轧制），而小的总变形量将造成未再结晶奥氏体中的变形带分布不均，导致转变后铁素体晶粒不均。在实际生产中使用 II 型控制轧制时不可能只在奥氏体未再结晶区中进行轧制，它必然要先在高温奥氏体再结晶区进行变形，经过多次的形变、再结晶使奥氏体晶粒细化，这就为以后进入奥氏体未再结晶区的轧制准备好了组织条件。但是在奥氏体再结晶区与奥氏体未再结晶区间还有一个奥氏体部分再结晶区，这是一个不宜进行加工的区域。因为在这个区内加工会产生不均匀的奥氏体晶粒，尤其是临近奥氏体未再结晶区的范围。这个范围对各种钢是不同的，大约是在 7%~10% 的变形量内，这个变形量称为临界变形量。为了不在奥氏体部分再结晶区内变形，生产中只能采用待温的办法（空冷或水冷），从而延长了轧制周期，使轧机产量下降。

对于普通低碳钢，奥氏体未再结晶区的温度范围窄小，例如 16Mn 钢，当变形量小于 20% 时其再结晶温度在 850℃ 左右，而其相变温度在 750℃ 左右，奥氏体未再结晶区的加工温度范围仅有 100℃ 左右，因此难以在这样窄的温度范围进行足够的加工。只有添加铌、钒、钛等微量合金元素的钢，由于它们对奥氏体再结晶有抑制作用，就扩大了奥氏体未再结晶区的温度范围，如含铌钢可以认为在 950℃ 以下都属于奥氏体未再结晶区，因此才能充分发挥奥氏体未再结晶区变形的优点。

（3）两相区的控制轧制（也称 III 型控制轧制）。在奥氏体未再结晶区变形获得的细小铁素体晶粒尺寸在变形量为 60%~70% 时达到了极限值，这个极限值只有进一步降低轧制温度，即在 A_{r3} 以下的奥氏体 + 铁素体两相区中给以变形才能突破。轧材在两相区中变形时形成了拉长的未再结晶奥氏体晶粒和加工硬化的铁素体晶粒，相变后就形成了由未再结晶奥氏体晶粒转变生成的软的多边形铁素体晶粒和经变形的硬的铁素体晶粒的混合组织，从而使材料的性能发生了变化：强度和低温韧性提高、材料的各向异性加大、常温冲击韧性降低。采用这种轧制制度时，轧件同样会先在奥氏体再结晶区和奥氏体未再结晶区中变形，然后才进入到两相区变形。由于在两相区中变形时的变形温度低，变形抗力大，因此除对某些有特殊要求的轧材外很少使用。

2.6.3 控制冷却的种类

控制冷却是通过控制热轧钢材轧后冷却条件来控制奥氏体组织状态、相变条件、碳化物析出行为、相变后钢的组织和性能，从这些内容来看，控制冷却就是控制热轧后三个不同冷却阶段的工艺条件或工艺参数。这三个冷却阶段一般称作一次冷却、二次冷却及三次冷却（空冷）。三个冷却阶段的目的和要求是不相同的。

(1) 一次冷却，是指从终轧温度开始到奥氏体向铁素体开始转变温度 A_{r3} 或二次碳化物开始析出温度 A_{rcm} 范围内的冷却，控制其开始快冷温度、冷却速度和快冷终止温度。一次冷却的目的是控制热变形后的奥氏体状态，阻止奥氏体晶粒长大或碳化物析出，固定由于变形而引起的位错，加大过冷度，降低相变温度，为相变做组织上的准备。相变前的组织状态直接影响相变机制和相变产物的形态和性能。一次冷却的开始快冷温度越接近终轧温度，细化奥氏体和增大有效晶界面积的效果越明显。

(2) 二次冷却，是指热轧钢板经过一次冷却后，立即进入由奥氏体向铁素体或碳化物析出的相变阶段，在相变过程中控制相变冷却开始温度、冷却速度（快冷、慢冷、等温相变等）和停止控冷温度。控制这些参数，就能控制相变过程，从而达到控制相变产物形态、结构的目的。参数的改变能得到不同相变产物、不同的钢材性能。

(3) 三次冷却或空冷，是指相变之后直到室温这一温度区间的冷却参数控制。对于一般钢材，相变完成，形成铁素体和珠光体。相变后多采用空冷，使钢板冷却均匀、不发生因冷却不均匀而造成的弯曲变形，以确保板形质量。另外，固溶在铁素体中的过饱和碳化物在空冷中不断弥散析出，使其沉淀强化。

对一些微合金化钢，在相变完成之后仍采用快冷工艺，以阻止碳化物析出，保持其碳化物固溶状态，以达到固溶强化的目的。沙钢 5m 宽厚板生产线采用由比利时 CRM 开发、西门子奥钢联拥有独家授权的 MULPIC 系统（多功能间断式冷却）配备高密度高压喷嘴装置，对热机轧制后加速冷却或直接淬火钢板表面产生湍流，生产高强韧性钢板。

总之，钢种不同、钢板厚度不同和对钢板的组织和性能的要求不同，所采用的控制冷却工艺也不同，控制冷却参数也有变化，三个冷却阶段的控制冷却工艺也不相同。

2.6.4 轧制工艺参数的控制

根据控制轧制机理，为提高中厚钢板的强韧性，必须严格控制下列有关工艺参数：坯料的加热制度、中间板坯的待轧温度、中间板坯待温后至成品的变形率、各控制轧制阶段的道次变形量，特别是终轧前几道次的变形量、终轧温度、轧后冷却速度。

(1) 坯料的加热制度。坯料的加热制度与钢种和所采用的控制轧制工艺类型有密切关系，同时也与所采用的加热炉结构及其特点有关。

坯料的最高加热温度的选择应考虑对原始奥氏体晶粒大小、晶粒均匀程度、碳化物的溶解程度以及开轧温度和终轧温度的要求。这些参数对钢板的组织和性能都有直接影响。

变形温度的控制首先要注意对加热温度的控制，加热温度主要是通过影响原始奥氏体晶粒和碳、氮化物的溶解度，亦即其后的沉淀硬化效果来起作用。

降低加热温度可使原始奥氏体晶粒细化及沉淀硬化作用减小，可使轧制温度相应降低。因此，能使脆性转化温度降低，也就是使韧性得到提高。

晶粒长大使单位体积的晶界面积减小，系统自由能降低，这是晶粒长大的内因，而一定的温度条件则是其外因。只要具备一定的温度条件，原有的原子有足够的活动能力，晶粒长大就会自发进行。奥氏体化温度越高，奥氏体晶粒长大越明显。奥氏体晶粒一旦长大，在随后冷却时就不会再变细，只能通过奥氏体变形及随后的再结晶才能细化。所以。只有细小的奥氏体晶粒才能转变成细小的铁素体晶粒，因此细化晶粒必须从高温下的奥氏体晶粒度控制开始。

对一般轧制，加热的最高温度不能超过奥氏体晶粒急剧长大的温度，如轧制低碳中厚板一般不超过1250℃。但对控轧Ⅰ型或Ⅱ型都应降低加热温度（Ⅰ型控轧比一般轧制低100～300℃），尤其要避免高温保温时间过长，不使变形前晶粒过分长大，为轧制前提供尽可能小的原始晶粒，以便最终得到细小晶粒和防止出现魏氏组织。

控轧对加热含铌钢时，加热温度以1150℃为宜。因为温度达到1050℃时，铌的碳氮化合物开始分解固溶，使奥氏体晶粒开始长大，至1150℃晶粒长大比较均匀，温度提高到1200℃时晶粒进一步长大，即所谓二次再结晶发生。因此，为了轧制后的钢材具有均匀细小的晶粒，加热温度一般以1150℃为宜。若加热至1050℃，则奥氏体晶粒大小不均，使轧后钢材易产生混晶；若加热至1200℃或更高，则晶粒过分长大，使轧后钢材晶粒难以细化。

低的加热温度不仅细化了原始的奥氏体晶粒促进轧后组织细化，更重要的是减少固溶的铌的碳氮化合物，减少了在铁素体的沉淀相，因而提高了低温脆性转变温度。

由于铌在控轧中的作用与其在奥氏体化状态下的存在形式有关，因此可根据对铌钢性能要求的不同而采用不同的加热温度。

1）对铌钢的控轧，以要求提高强度为主，而又可略降低脆性转化温度，此时加热必须使足够的铌固溶于奥氏体中，因而采用较高的加热温度1250～1350℃。

2）对铌钢的控轧，以要求提高低温韧性为主，则不需要更多的铌固溶于γ体中，需要利用未溶的铌的碳氮化物阻碍γ晶粒长大以达到细化作用。因而采用较低的奥氏体化温度1150℃甚至950℃加热，避免轧制前原始晶粒粗化和铌的碳氮化物再次固溶析出增加析出强化。

（2）中间待温时板坯厚度的控制。采用两阶段控制轧制时，第一阶段是在完全再结晶区轧制，之后，进行待温或快冷，以防止在部分再结晶区轧制，这一温度范围随钢的成分不同，波动在1000～870℃。待温后，在未再结晶区进行第二阶段的控制轧制。在第二阶段，即待温后到成品厚度的总变形率应大于40%～50%。总压下率越大（一般不大于65%），铁素体晶粒越细小，弹性极限和强度就越高，脆性转变温度越低，所以，中间待温后的钢板厚度（即中间厚度）是一个很重要的参数。如含 $w(C) = 0.07\%$、$w(Mn) = 2.0\%$、$w(Nb) = 0.06\%$ 和 $w(Mo) = 0.5\%$ 钢，在未再结晶区的总压下率对钢板强度和脆性转变温度的影响规律为：低于900℃的总压下量增大，抗拉强度和屈服强度增大、脆性转变温度降低、–60℃的冲击功提高。当总压下率大于60%时，再加大总压下率则强度下降，这是由于针状铁素体数量减少造成的。

对碳钢和低合金钢，未再结晶区总变形量大于60%，则铁素体细化效果基本稳定，因而钢板性能趋于稳定。

如果含有高 Mn、Mo 和 Nb 的厚板采用普通轧制工艺，则由于奥氏体晶粒粗大，铁素体相变被推迟，形成粗大的上贝氏体组织，所以塑性和韧性显著变坏。而采用控制轧制使奥氏体晶粒细化，在稍高于贝氏体转变温度之上转变成针状铁素体，将显示出良好的韧性和高强度。随未再结晶区总变形量加大，针状铁素体数量减少，则韧性不断提高，脆性转变温度下降。

（3）道次变形量和终轧温度的控制。道次变形量和终轧温度对钢板的组织和性能有直接的影响。

在完全再结晶区，每道次的变形量必须大于再结晶临界变形量的上限，以确保发生完全再结晶。多道次轧制后，γ 晶粒大小，既决定于总变形量，也决定于道次变形量。总变形量大，则最后的奥氏体晶粒细，而总变形量一定，道次变形量大，则可得到更细的奥氏体晶粒。当变形量 $\varepsilon > 50\% \sim 60\%$ 后，细化作用减弱。

在未再结晶区轧制时，加大总变形量，以增多奥氏体晶粒中滑移带和位错密度、增大有效晶界面积，为铁素体相变形核创造有利条件。在未再结晶区轧制，多道次轧制的变形量对晶粒细化起到叠加作用，也就是说只要有足够的总变形量，无须过分强调道次变形量。

在 $\gamma + \alpha$ 两相区控制轧制时，在压下量较小阶段增大变形量，钢的强度提高很快。当变形量大于 30% 时，再加大压下量则强度提高比较平缓，而韧性得到明显改善。

在 $\gamma + \alpha$ 两相区轧制的钢板强度和韧性变化取决于轧制温度和压下量的相互影响结果。例如在 850℃ 以下的总压下率为 47% 时，随着终轧温度下降，屈服强度增加。在 $\gamma + \alpha$ 两相区的高温区进行轧制，韧性最好，比单相奥氏体区轧制时韧性还好。但是，随着 $\gamma + \alpha$ 两相区终轧温度降低，韧性恶化。

关于 Si-Mn 钢和添加 Ti、V-Ti 和 Mo-V-Ti 的钢，在两相区轧制，随着轧制温度越低，越有利于提高强度；压下量越大越有利于提高韧性。当轧制温度一定时，在小压下量范围内增大压下量，强度明显提高，而韧性稍有恶化。达到一定强度时，韧性可以明显得到改善。当变形量超过一定值时，则强度反而下降。所以在 $\gamma + \alpha$ 两相区应选择合理的变形量和轧制温度，才能取得较合理的综合性能。在 $\gamma + \alpha$ 两相区高温区轧制时，较小的变形量可以提高钢的韧性，而在低温区轧制则转向脆化，韧性降低，仅强度提高。

复习思考题

2-1　中厚板轧机形式有哪些？

2-2　中厚板的车间布置有哪些？

2-3　一般中厚板的生产工艺流程是怎样的？

2-4　除鳞的作用是什么？

2-5　什么叫展宽轧制？

2-6　什么叫综合轧制法？

2-7　控制冷却有哪些方法？

2-8　控制轧制有哪些方法？

2-9　换辊操作需要注意哪些问题？

2-10　精整时常见的缺陷有哪些？

2-11　矫直的目的是什么？

2-12　产生波浪形和瓢曲的原因是什么？

2-13　什么叫轧制速度图，有几种？

2-14　中厚板的压下规程怎么设计？

3 传统热连轧带钢生产

【知识目标】

1. 了解热连轧带钢生产常用的原料及加热；
2. 了解压下规程设计的原则和要求；
3. 理解热连轧带钢轧机的特点及适用范围；
4. 理解冷却的方式及特点；
5. 掌握常用的热连轧带钢生产设备的组成、布置与结构；
6. 掌握制定压下规程的方法和步骤；
7. 熟练掌握热连轧带钢轧机的操作方法；
8. 掌握热连轧带钢轧制工艺与轧制工艺制度。

【能力目标】

1. 具有确认轧辊结构及选择的能力；
2. 具有对热连轧带钢轧机进行轧制操作及调整的能力；
3. 具有对热连轧带钢产品缺陷进行分析与控制的能力；
4. 具有对热连轧带钢板轧机进行轧制工艺制度设计的能力。

3.1 热连轧带钢生产工艺

3.1.1 生产工艺流程及车间布置

图 3-1 为热带钢连轧机生产工艺流程图，概括了现代的热轧宽带钢轧机生产，是典型的工艺流程，不同之处仅在于有无定宽压力机、边部加热器等。

某 1700 热带钢连轧机车间平面布置如图 3-2 所示。该厂所用板坯最大质量为 30t。其尺寸为(150 ~ 250) mm × (500 ~ 1600) mm × (4000 ~ 10000) mm。热轧板卷厚度为 1.2 ~ 12.7mm，宽 500 ~ 1550mm，最大单位宽度质量为 19.6kg/mm。采用 3 座步进式加热炉，其生产能力各为 270t/h。采用大立辊轧机及高压水除鳞。轧机为 3/4 连续式，设有粗轧机 4 架（R_1 ~ R_4），精轧机 7 架（F_1 ~ F_7）。轧机主要技术性能见表 3-1。

表 3-1 某 1700 热带钢连轧机主要技术性能

轧机	大立辊	R_1	R_2	R_3	R_4	F_1 ~ F_3	F_4	F_5 ~ F_6	F_7
形式	上传动式	二辊不可逆	四辊可逆	四辊	四辊	四辊	四辊	四辊	四辊

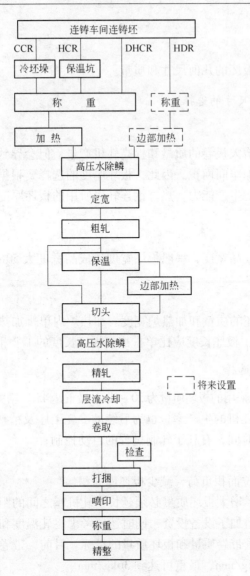

图 3-1 热带钢连轧机生产工艺流程图

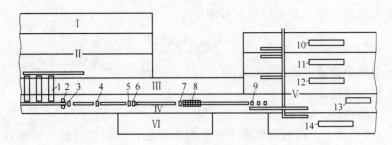

图 3-2 某 1700 热带钢连轧机车间平面布置图

Ⅰ—板坯修磨间；Ⅱ—板坯存放场；Ⅲ—主电室；Ⅳ—轧钢车间；Ⅴ—精整车间；Ⅵ—轧辊磨床

1—加热炉；2—大立辊轧机；3—R_1，二辊不可逆；4—R_2，四辊可逆；

5—R_3，四辊交流；6—R_4，四辊直流；7—飞剪；8—精轧机组，$F_1 \sim F_7$；

9—卷取机；10~12—横剪机组；13—平整机组；14—纵剪机组

3.1.2　原料选择与加热

板坯的选择主要是板坯的几何尺寸和质量。

3.1.2.1　板坯几何尺寸的选择

A　板坯的厚度选择

增大板坯厚度可以增大板卷的质量和提高轧机产量，但会导致轧制道次、机座数目的增加，延长轧制线和增加车间面积。因此，板坯厚度的选择要根据产品的厚度，考虑板坯连铸机和热带钢连轧机的生产能力。热带钢连轧机所用的板坯厚度，一般为 150～250mm，最厚为 300～350mm。

B　板坯的宽度选择

板坯的宽度决定于成品宽度，一般板坯宽度比成品宽度大 50mm 左右。目前板坯最宽可达到 2300mm。

C　板坯长度选择

板坯长度取决于板坯的质量和加热炉宽度。加热炉内单排加热时，最大板坯长度达到 9～14m；而双排加热时，板坯长度应比单排加热板坯长度的 1/2 稍小一些。

3.1.2.2　板坯质量选择

目前，热带钢连轧机采用的板坯质量为 20～30t，最重达 45t。增大板坯质量的优点是：

(1) 提高热带钢连轧机的生产率，也为后续的冷轧工序及精整提高生产率创造条件；

(2) 延长稳定轧制时间，有利于轧制过程的自动控制；

(3) 降低金属消耗；

(4) 提高板卷库单位面积负荷，减少板坯库面积。

当板坯宽度一定时，增大板坯质量必须延长粗轧机座之间的距离和粗轧机组与精轧机组之间的距离，这样就增加了设备投资，同时还要考虑终轧温度和带钢的头尾温差。

单位宽度卷重是衡量带卷质量和板坯质量的指标。目前，带卷的单位宽度质量不断增加，一般可达到 15～25kg/mm，最重可达到 36kg/mm。

热轧带钢的终轧温度和头尾温差与轧制的延续时间有关，而轧制的延续时间又取决于带钢长度和轧制速度，单位卷重反映了带钢长度 l（单位为 mm）：

$$l = \frac{q}{h\rho} \tag{3-1}$$

式中　q——钢卷单位宽度质量，kg/mm；

　　　h——带钢厚度，mm；

　　　ρ——带钢密度，kg/mm³。

从式(3-1)可以看出，带钢厚度减小，长度会增加，所以允许的头尾温差和终轧温度应按最薄的产品来考虑。另外，提高钢卷单重，必须相应地提高轧制速度。

3.1.2.3　板坯加热及送坯方式

A　板坯冷装炉

连铸车间板坯经过冷却、检查，对表面缺陷要进行清理。清理的方法是采用火焰清理机进行整体清理，随后用水轮冷却装置对板坯快速冷却，使板坯温度降至200℃，以减少板坯表面形成的氧化铁皮。板坯在冷装炉前用水将表面清洗干净，以保证表面质量。

B 板坯热装炉

检查标记内部质量合格的板坯，经输送辊道运来后，用吊车将热坯放入保温坑内堆放。根据生产计划用上料起重机吊到加热炉受料辊道，装炉加热。

C 直接热装炉

当连铸机和热带钢连轧机的生产计划相匹配时，表面质量和内部质量合格的高温连铸板标记后，经连铸机输出辊道送来，由加热炉的输送辊道送入加热炉受料辊道，直接装炉加热。

D 直接轧制

当连铸机和热带钢连轧机的生产计划相匹配时，表面质量和内部质量合格的高温板标记后，从连轧机的输入辊道，经边角加热炉补充加热后，直接送往轧机轧制。

E 板坯加热

板坯加热温度，一般是加热到1200～1250℃出炉。部分碳素钢和某些低合金钢采用"低温出炉"工艺，其出炉温度约为1100℃左右。

板坯加热采用步进式连续加热炉。某1580mm热带钢连轧机的步进式连续加热炉的技术参数见表3-2。

表3-2 1580mm热带钢连轧机步进式加热炉技术参数

炉子尺寸/mm	全 长	42300	板坯质量/kg	6500～26600
	有效长	41000	装炉温度/℃	常温
	全 宽	12900		600
	有效宽	12000		800
板坯尺寸/mm	厚 度	230	出炉温度/℃	1250
	宽 度	900～1450	板坯在炉时间/min	165～175
	长 度	8000～11000	加热能力/t·h^{-1}	250
		4000～5300	燃 料	混合煤气

加热好的板坯，在打开炉门后由出料机将其托出，放在加热炉出口前输送辊道上，送去轧制。

3.1.3 粗轧工序

粗轧的作用是加热好的板坯经过除鳞、定宽、水平辊和立辊轧制，将不同规格的板坯轧成厚度为30～60mm、不同宽度要求的精轧坯，并保证精轧坯要求的温度。

3.1.3.1 除鳞

板坯在加热过程中，表面上会生成2～5mm厚的氧化铁皮，称为初生氧化铁皮。这些氧化铁皮必须在轧制前清除干净，否则会影响带钢的表面质量；它们还会因为硬而脆从而加速轧辊磨损。为了将氧化铁皮清除干净，粗轧机组前都设置有高压水除鳞箱。

3.1.3.2 定宽

由于采用连铸坯，在粗轧阶段必须设有定宽工序。这主要是因为板坯连铸机改变板坯的宽度比较复杂，定宽工序可以满足热轧带钢品种规格不同宽度的需要。改变板坯的宽度主要采用立辊轧机和定宽压力机。

3.1.3.3 粗轧

板坯的开轧温度为 1180～1220℃，在粗轧机组上轧制 5～7 道次，可将厚度为 120～300mm 的板坯轧成厚 20～40mm 的带坯，总延伸为 8～12。

粗轧的主要任务是将板坯轧成符合精轧机组所要求的带坯。其质量要求是：（1）表面清洁，彻底清除一次氧化铁皮。（2）侧边整齐，宽度符合要求尺寸。（3）带坯厚度达到精轧机组的要求，为此粗轧应尽量用大压下量，一般要完成总变形量的 70%～80%。

粗轧机组末架机座最高轧制速度达到 4.5～5.5m/s，以确保精轧机组要求的送坯温度。

3.1.4 精轧工序

3.1.4.1 精轧坯保温输送和边部加热

板坯出炉后，经辊道运输、高压水除鳞和粗轧机组轧制轧成中间坯，温度有明显地降低，一般要降低 200℃ 左右，尤其是边部降低更为明显。这样在精轧过程中会产生带钢边裂；也会因断面温度不均匀而影响横断面的金相组织和力学性能的均匀性；带坯的边部低温还会增加轧辊的局部磨损。为此，在中间辊道上设有保温装置，在中间辊道的末端设有边部加热器。边部加热器可对精轧坯的边部进行加热，以提高边部温度，使之与中部的温度趋于均匀。

精轧坯经过边部加热后，送入精轧机组进行切头、切尾、二次除鳞和精轧，轧成符合用户要求的热轧带钢。

3.1.4.2 切头、切尾

精轧坯从粗轧机组轧出，往往头部呈"舌形"，尾部呈"鱼尾形"，头尾这种形状的长度会随着精轧机组轧制总压下量增大而增长。其危害是：（1）头部"舌形"和尾部"鱼尾形"部分比其他部分温度低，轧制时会产生很大的冲击，加速轧辊磨损以及在传动系统中产生扭振；（2）头部长的"舌形"在运输中容易钻进设备的缝隙发生卡钢事故；（3）尾部的长"鱼尾形"会影响板卷的打捆质量。因此，在精轧前要把精轧坯的"舌形"和"鱼尾形"切掉。由于切头、切尾是在精轧坯前进当中进行的，故在精轧机组前设置切头飞剪。

3.1.4.3 二次除鳞

为了清除粗轧机组轧制和中间辊道运输过程中高温带坯产生的再生氧化铁皮，在切头飞剪与精轧机组之间设有二次除鳞箱。

3.1.4.4 精轧

精轧坯经过切头、切尾和二次除鳞，送精轧机组轧制。精轧机组是连轧机，通常设置 6 ~ 7 架机座，将带坯轧到成品厚度。

精轧机组连轧过程中，要保证连轧常数和防止机座间堆钢和拉钢，在机座之间设置活套支持器，使机座之间产生一定的活套控制张力，或者采用微张力控制。

终轧温度高低在很大程度上决定了轧后带钢的金相组织和力学性能，尤其是实行控制轧制，对终轧温度要求更为严格。因此，除控制中间坯的温度外，还要控制轧制速度。轧制更薄的热轧带钢（最薄为 0.8 ~ 1.2mm）轧制速度要提高，精轧机组末架机座最高速度可达到 27.1m/s（最高设计速度达到 30.8m/s）。提高轧制速度既可以保证终轧温度，又可以控制头尾温差，同时还可以提高轧机的产量。

精轧机组都是以较低的速度穿带，目的是稳定穿带、减少穿带事故。穿带完成后，为了提高轧机的生产率，都采用升速轧制，其加速度可以采用 0.5 ~ 1.5m/s^2 使轧制速度升高到高速轧制；为改善带钢的头尾温差，获得均匀的尾部厚度，对带钢的尾部采用温度加速，提高尾部温度；为防止因速度过快使尾部温度超过头部温度，一般采用较小的加速度 0.025 ~ 0.125m/s^2。采用升速轧制可使热轧带钢的头尾温差控制在 ±15℃ 内，控制厚度差在 50μm 以内。

在精轧机组的出口侧设有射线测厚仪、凸度仪、板形仪、宽度计和温度计。

3.1.5 轧后冷却、卷取及打捆

热轧带钢从精轧机组末架机座出来后，经输出辊道（称中央辊道）输送到地下式热卷取机卷成带卷，并在中央辊道上按工艺要求进行冷却。

3.1.5.1 轧后冷却

轧后冷却的目的是把热轧带钢从终轧温度冷却到规定的卷取温度。热轧带钢的终轧温度一般为 800 ~ 900℃，卷取温度通常为 550 ~ 650℃。从终轧到卷取这个温度区间，带钢金相组织转变很复杂，对带钢实行控制冷却有利于获得所需的金相组织，改善和提高带钢力学性能。

卷取温度对带钢的金相组织和力学性能有很大影响。实验发现：卷取温度降低，带钢的强度和屈服极限会提高，伸长率会降低，机械加工性能就变坏。对于不同的钢种，卷取温度有严格的温度规定和允许公差；不同规格的带钢在中央辊道上的冷却速度不相同，因此，轧后的冷却既要控制冷却水的总量，又要控制冷却速率。现代热带钢连轧机中都采用层流冷却系统。

3.1.5.2 卷取

带钢冷却到卷取温度后，由地下式热卷取机卷成带卷。

在中央辊道的末端，设置 3 台地下式热卷取机。按生产周期计算，2 台卷取机交替工作就可以满足轧机生产率要求。由于卷取机是很容易出事故的，一般都有 1 台备用。随着石油工业、造船工业的要求，热轧板卷的厚度要达到 22 ~ 30mm，因此出现了强力型卷取机。一般在 150 ~ 190m 的中央辊道末端设有 3 台强力型卷取机，以便于在较长的中央辊道上控制卷取温度，并强力卷取较厚的热轧带钢。为卷取薄带钢（厚度为 0.8 ~ 1.2mm），在距精轧机组末架机座 60 ~ 70m 处，要设置 2 台近距离卷取机，以适应薄带钢冷却速度快的特点，并可缩短无张力低速运行距离。

3.1.5.3　热轧带钢打捆、称重、喷印、入库

热轧带卷从卷取机内由卸卷小车托出后，由打捆机打捆，以防松卷，便于运输。自动称重之后用喷印机在外层卷面上喷印卷号，经链式运输机运至地面，用吊车放入板卷库存放。

3.2　粗轧区操作

3.2.1　粗轧设备组成

粗轧设备主要由粗轧除鳞设备、定宽压力机、立辊轧机、水平轧机、保温罩、热卷取箱等组成。辅助设备有工作辊道、侧导板、测温仪、测宽仪等。

板坯宽度精度的控制主要在粗轧机。粗轧机常用的板坯宽度控制方式为宽度自动控制（AWC）。

3.2.1.1　粗轧机的布置

粗轧机的布置形式主要有全连续式、3/4 连续式、半连续式和其他形式。

A　全连续式

全连续式粗轧机通常由 4 ~ 6 架不可逆式轧机组成，前几架为二辊式，后几架为四辊式。全连续式粗轧机的布置形式主要有两种：一种是全部轧机呈跟踪式连续布置；另一种是前几架轧机为跟踪式，后两架为连轧布置。

典型的全连续式粗轧机的布置如图 3-3 所示。

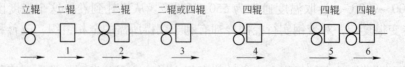

图 3-3　典型的全连续式粗轧机的布置

目前，由于全连续式布置生产线长、占地面积大、设备多、投资大、对板坯厚度范围的适应性差，所以近期建设的粗轧机已不再采用全连续式。

我国热轧宽带钢粗轧机布置中仅梅钢 1422mm 为全连续式，且最后两架不连轧。

B　3/4 连续式

3/4 连续式把粗轧机由 6 架缩减为 4 架，在粗轧机组内设置 1 ~ 2 个可逆式轧机。可逆式轧机可以放在第二架，也可以放在第一架，前者优点是大部分铁皮已在前面除去，使辊面和板面质量好些，但第二架四辊可逆轧机的换辊次数比第一架二辊可逆式要多二倍。一般还是倾向于前者。

3/4 连续式较全连续式所需设备少，厂房短，总的建设投资要少 5% ~ 6%，生产灵活

性也稍大些，但可逆式机架的操作维修复杂，耗电量也大。对于年产300万吨左右规模的带钢厂，采用3/4连续式一般较为适宜。

典型的3/4连续式粗轧机的布置如图3-4所示。

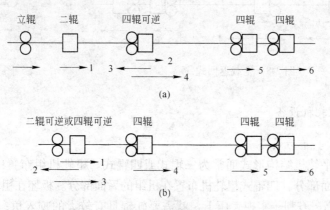

图3-4 典型的3/4连续式粗轧机的布置
(a) 可逆轧机在第二架；(b) 可逆轧机在第一架

我国热轧宽带钢粗轧机采用3/4连续式布置的有宝钢2050mm、武钢1700mm。

C 半连续式

半连续式粗轧机由1架或2架可逆式轧机组成。半连续式粗轧机常见的几种布置形式有：

（1）由1架四辊可逆式轧机组成，如图3-5所示。

（2）由1架二辊可逆式轧机和1架四辊可逆式轧机组成，如图3-6所示。

（3）由2架四辊可逆式轧机组成，如图3-7所示。

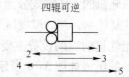

图3-5 由1架四辊可逆式轧机
组成的半连续式粗轧机

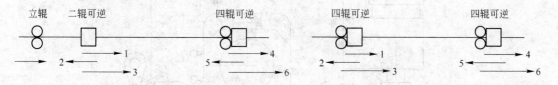

图3-6 由1架二辊可逆式轧机和1架四辊
可逆式轧机组成的半连续式粗轧机

图3-7 由2架四辊可逆式轧机组成的
半连续式粗轧机

半连续式粗轧机与3/4连续式粗轧机相比，具有设备少、生产线短、占地面积小、投资省等特点，且与精轧机组的能力匹配较灵活，对多品种的生产有利。近年来，由于粗轧机控制水平的提高和轧机结构的改进，轧机牌坊强度增大，轧制速度也相应提高，粗轧机单机架生产能力增大，轧机产量已不受粗轧机产量的制约，从而半连续式粗轧机发展较快。

我国热轧宽带钢粗轧机采用半连续式布置的有宝钢1580mm、鞍钢1780mm、攀钢1450mm、武钢2250mm。

D 其他形式

以上3种布置形式是粗轧机常用的3种基本布置形式。此外，粗轧机的布置形式还有空载返回式（图 3-8）和紧凑式（图 3-9）。

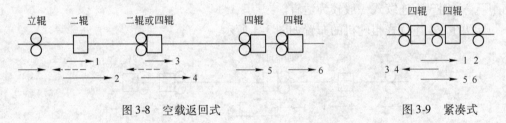

图 3-8　空载返回式　　　　　　　　　　　图 3-9　紧凑式

3.2.1.2　粗轧机设备

A　粗轧机及其前后设备

粗轧机的水平轧机结构形式通常为二辊式或四辊式。粗轧机组布置中，二辊式粗轧机布置在机组的前面部分，四辊式粗轧机布置在机组的后面部分。板坯在粗轧机上前几道次的轧制，因温度较高，有利于实现大压下，就需要轧辊具有较大的咬入角；后几道次的轧制，需要为精轧机输送厚薄均匀的中间坯。二辊式粗轧机与四辊式粗轧机相比：二辊式的工作辊直径大，具有大的咬入角，可实现大的压下量；四辊式的工作辊直径小，有利于带坯的厚度控制，又因有支撑辊，减小了工作辊的挠度，可轧制较薄的、厚度均匀的中间坯。

粗轧机的工作方式分为可逆式和不可逆两种。可逆式粗轧机的开口度较大，板坯在轧机上往复轧制，总的厚度压下量大。不可逆式粗轧机往一个方向对板坯进行一道次轧制。

粗轧机前后的设备主要有立辊、除鳞集管、护板、机架辊、出入口导板等。粗轧机前后设备的组成如图 3-10 所示。

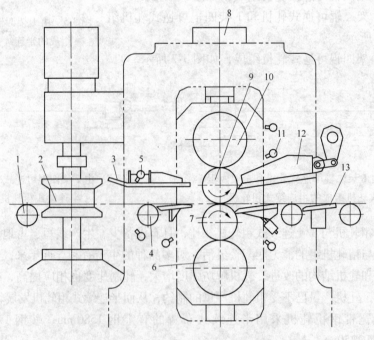

图 3-10　粗轧机及其前后设备

1—辊道；2—立辊；3—入口导板；4—机架辊；5—除鳞集管；6—下支撑辊；7—下工作辊；
8—压下装置；9—上工作辊；10—上支撑辊；11—轧辊冷却集管；12—出口导板；13—护板

B 粗轧机压下装置

粗轧机压下装置位于水平轧机牌坊上部,用于调整轧辊的辊缝,控制板坯压下量。压下装置的主要形式有电动压下和液压压下。

电动压下装置通过电动机传动减速机转动压下螺丝实现轧辊的辊缝调整。可逆式粗轧机压下装置对辊缝的调整范围大。常用的电动压下装置有两种形式:一种是单速压下,即轧制过程中的辊缝调整和换辊后的辊缝调零都是一个速度,辊缝调零压靠后的压下螺丝回松由解靠装置实现;另一种是双速压下,即轧制过程中的辊缝调整用快速,换辊后的辊缝调零和压下螺丝回松用慢速。双速压下既可实现轧制过程中辊缝的快速调整,缩短间隙时间,又可实现辊缝调零的慢速要求,避免辊缝调零时的轧辊冲击和取消解靠装置。

液压压下装置采用液压缸,系统简单,调整范围大,既实现轧制过程中的辊缝快速调整,又可满足换辊后的辊缝调零和解靠慢速要求。

双速压下装置的传动示意图如图 3-11 所示。

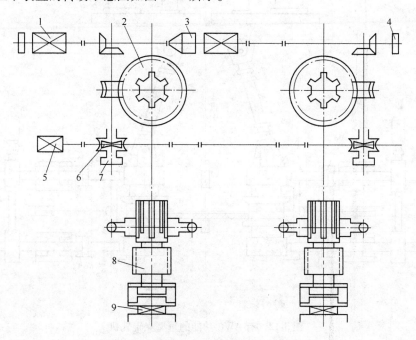

图 3-11 双速压下装置传动示意图

1—快速压下电动机;2—压下减速机;3—电磁离合器;4—气动制动器;5—慢速压下电动机;
6—慢速传动减速机;7—气动离合器;8—压下螺丝;9—测压头

C 板坯宽度侧压设备

热轧带钢轧机侧压设备主要有:立辊轧机、定宽压力机等。

a 立辊轧机

立辊轧机位于粗轧机水平轧机的前面,大多数立辊轧机的牌坊与水平轧机的牌坊连接在一起。立辊轧机主要分为两大类,即一般立辊轧机和有 AWC 功能的重型立辊轧机。

一般立辊轧机主要用于板坯宽度齐边、调整水平轧机压下产生的宽展量、改善边部质量。这类立辊轧机结构简单,主传动电机功率小、侧压能力普遍较小,而且控制水平低,辊缝设定为摆死辊缝，不能在轧制过程中进行调节，带坯宽度控制精度不高。我国热轧宽带钢粗轧机配有一般立辊轧机的有武钢1700mm、本钢1700mm（E2、E3）、攀钢1450mm、太钢1549mm和梅钢1422mm。

有AWC功能的重型立辊轧机是为了适应连铸的发展和热轧带钢板坯热装的发展而产生的现代轧机。这类立辊轧机结构先进，主传动电机功率大，侧压能力大，具有AWC功能，在轧制过程中对带坯进行调宽、控宽及头尾形状控制，不仅可以减少连铸板坯的宽度规格，而且有利于实现热轧带钢板坯的热装，提高带坯宽度精度和减少切损。我国热轧宽带钢粗轧机配有AWC功能的重型立辊轧机的有宝钢2050mm和本钢1700mm（E1）。

有AWC功能的重型立辊轧机的结构如图3-12所示。

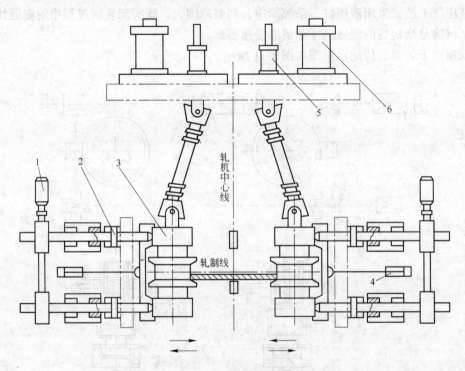

图3-12　有AWC功能的重型立辊轧机

1—电压系统；2—AWC液压缸；3—立辊轧机；4—回拉缸；
5—接轴提升装置；6—主传动电机

b　定宽压力机

定宽压力机位于粗轧高压水除鳞装置之后，粗轧机之前，用于对板坯进行全长连续的宽度侧压。与立辊轧机相比，定宽压力机每道次侧压量大，最大可达350mm，从而可大大减少板坯宽度规格，有利于提高连铸机的产量，还可降低板坯库存量，简化板坯库管理。立辊轧机和定宽压力机轧制的带坯有以下不同点：立辊轧机轧出的带坯边部凸出量大（俗称狗骨形），经水平轧机轧制易产生较大的鱼尾；而定宽压力机侧压的带坯边部凸出量较小，经水平轧机轧制后产生的鱼尾也较小，有时甚至没有鱼尾，因此可减少切损，提高热轧成材率。显而易见，定宽压力机有利于提高连铸和热轧的综合经济效益。

定宽压力机主要有两种形式，即长锤头定宽压力机和短锤头定宽压力机。后者应用较普遍。

短锤头定宽压力机的锤头长度远小于板坯长度，侧压行程中锤头从板坯头部至尾部依次快速进行挤压，以实现大侧压调宽。短锤头定宽压力机有两种形式，即间断式和连续式。

间断式短锤头定宽压力机的工作过程是锤头与板坯分别动作，即锤头打开，板坯行进一个侧压位置，锤头侧压到设定宽度，然后锤头打开，板坯又行进一个侧压位置，这样重复运动，直至板坯全长侧压完毕。间断式短锤头定宽压力机的工作过程如图 3-13 所示。

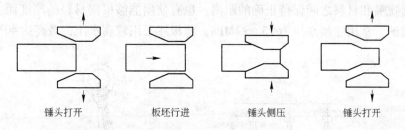

锤头打开　　　板坯行进　　　锤头侧压　　　锤头打开

图 3-13　间断式短锤头定宽压力机工作过程示意图

连续式短锤头定宽压力机的工作过程是板坯以一定的速度匀速连续行进，锤头的动作与板坯的行进同步，板坯在行进中进行侧压。锤头在板坯行进过程中完成打开、行进、侧压、再打开，这样连续地往复运动，实现板坯的连续侧压。由于连续式短锤头定宽压力机锤头侧压过程和板坯行进过程同步，作业周期时间短，工作效率高。

宝钢 1580mm、鞍钢 1780mm 热轧带钢轧机均采用连续式短锤头定宽压力机。

连续式短锤头定宽压力机的传动原理如图 3-14 所示。

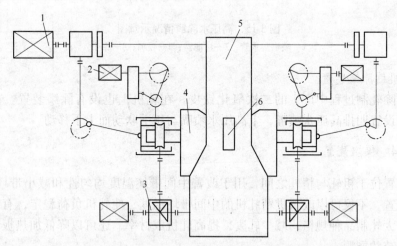

图 3-14　连续式短锤头定宽压力机传动原理示意图

1—主传动系统；2—同步系统；3—调整机构；4—锤头；5—板坯；6—控制辊

3.2.1.3　除鳞设备

除鳞装置有两种，一种是用作清除加热炉中产生的氧化铁皮（一次氧化铁皮），另一种是用来清除轧制过程中产生的氧化铁皮（二次氧化铁皮）。

A　除鳞箱

除鳞箱通常设在加热炉出口侧附近，为了提高除鳞效果，也有和二辊水平轧机或立辊轧机一起设置的。上述轧机通过机械方法破坏表面氧化铁皮，然后用高压水喷射，以起到除鳞作用。

除鳞装置的主体是在箱中排列成 2~3 排的高压水喷嘴，喷嘴安装在头部。喷嘴按图 3-15 所示的方法进行安装，喷嘴和材料成 15°角，该角度与材料前进方向相反，以便吹掉去除氧化铁皮。从喷嘴喷射出来的射流，应覆盖材料的整个宽度，并使各射流互相不干扰。为了使喷嘴和材料之间保持正确的距离，也有使用能够根据材料的厚度而上下移动的高压水喷嘴的。常用除鳞水压为 15~22MPa，薄板坯采用较高水压，最高达 40MPa。

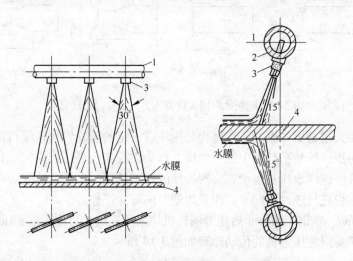

图 3-15　高压水除鳞情况示意图
1—喷嘴集水管；2—过滤器；3—喷嘴；4—钢带

B　轧机的除鳞装置

为了去除轧制过程中产生的二次氧化铁皮，在轧机上也设有除鳞装置。在轧机的前后、上下共设置四排高压水喷嘴，上高压水喷嘴与压下联动而上下移动。

3.2.1.4　保温装置

保温装置位于粗轧与精轧之间，用于改善中间带坯温度均匀性和减小带坯头尾温差。采用保温装置，不仅可以改善进精轧机的中间带坯温度，使轧机负荷稳定，有利于改善产品质量，扩大轧制品种规格，减少轧废，提高轧机成材率，还可以降低加热板坯的出炉温度，有利于节约能源。

常用的保温装置主要有保温罩和热卷取箱。

A　保温罩

保温罩布置在粗轧与精轧机之间的中间辊道上，一般总长度有 50~60m，由多个罩子组成，每个罩子均有升降盖板，可根据生产要求进行开闭。罩子上装有隔热材料，罩子所在辊道是密封的。中间带坯通过保温罩，可大大减少温降。在热带轧制中采用的保温罩系统可以分成绝热保温罩、反射保温罩和逆辐射保温罩。

我国热轧宽带钢轧机中间带坯采用保温罩的有宝钢 2050mm、宝钢 1580mm、鞍钢 1780mm。

B 热卷取箱（coil-box）

热卷取箱结构如图 3-16 所示，其主要优点为：

（1）粗轧后在入精轧机之前进行热卷取，以保存热量，减少温度降，保温可达 90%以上。

（2）首尾倒置开卷以尾为头喂入轧机，均化板带头尾温度，可以不用升速轧制而大大提高厚度精度。

（3）起储料作用，这样可增大卷重，提高产量。

（4）可延长事故处理时间约 8~9min，从而可减少废品及铁皮损失，提高成材率。

（5）可使中间辊道缩短约 30%~40%，节省厂房和基建投资。

因此，在热轧带钢生产中采用热卷取箱是发展的方向。我国热轧宽带钢轧机中间带坯采用热卷取箱的有攀钢 1450mm、鞍钢 1700mm。

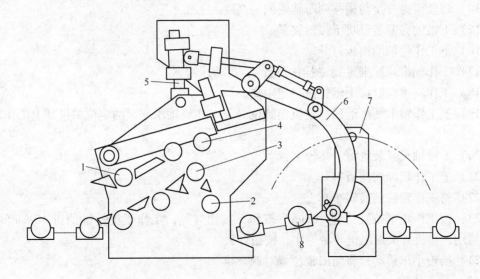

图 3-16 典型的热卷取箱结构示意图
1—入口导辊；2—成型辊；3—下弯曲辊；4—上弯曲辊；
5—平衡缸；6—开卷臂；7—移卷机；8—托卷辊

3.2.2 换辊操作和轧制调整操作

3.2.2.1 换辊操作

A 换工作辊

（1）抽出工作辊

1）将准备好的下工作辊放在换辊小车偏离机架窗口的轨道上（出口侧轨道），将准备好的上工作辊放在下工作辊上，使下工作辊的定位销进入上工作辊的浅孔中，组装成一对预上机工作辊。

2）将换辊"允许操作"锁打开。

3）控制方式选择开关选在"手动"位或"自动"位。

4）翻转缸翻转至地面上。

5）按工作辊推拉缸推进到"待命位置"。

6）停主机，工作辊扁头准确停在垂直位置（或操作主机"正转"、"反转"对正扁头）。

7）关闭轧机冷却水。

8）将出口导卫移出。

9）活套抬起到换辊位置，手动用定位销将活套锁住。

10）将入口导卫移出。

11）将挡水板打开到位。

12）将压下螺丝高速"上升"到换辊位置（实际辊缝约 50mm）后停止。

13）将下工作辊平衡缸缩回。

14）将轨道提升至与横移列车轨道同一高度上。

15）下接轴夹紧装置将下接轴夹紧。

16）下工作辊轴端挡板打开。

17）工作辊推拉缸推进到"挂钩位置"，自动挂钩。

18）工作辊推拉缸将下辊拉出一定距离。

19）上工作辊平衡缸泄压，定位销到位（下工作辊轴承座上的定位销进到上工作辊的浅孔中）。

20）上接轴夹紧装置将上接轴夹紧。

21）上工作辊轴端挡板打开。

22）将工作辊拉到换辊小车上。

23）按工作辊推拉缸"进 10mm"按钮，按钮灯亮，工作辊推拉缸前进 10mm 间隙，供横移用，接近开关发出信号后停止，按钮灯灭。

24）换辊小车移动，将新旧辊位置对调。

（2）装工作辊

装工作辊步骤与抽出工作辊步骤正好相反，装工作辊完成后，将新上机的工作辊辊径输入计算机。

B　换支撑辊

（1）抽出支撑辊

1）将工作辊拉出运走后，将支撑辊油管拆下，用吊车将换辊小车吊离。

2）将支撑辊推拉缸推进到挂钩位置，将挂钩与滑座连接。

3）下支撑辊轴端挡板打开到位。

4）将下支撑辊从机架拉出至换辊位置。

5）用吊车将换辊托架安装就位，安装时由一人指挥吊车点动下落，两端有人观察换辊托架与下支撑辊轴承座的对正情况，观察人员要站在安全位置。

6）将下支撑辊连同换辊托架一起推入机架到位。

7）上支撑辊平衡缸下降，将上支撑辊放置在换辊马架上，上、下支撑辊轴承座与换辊马架之间通过定位销准确定位。

8）将支撑辊平衡缸锁住。

9）上支撑辊轴端挡板打开到位。

10）将一对支撑辊拉出至换辊位置。

11）用吊车将上支撑辊、换辊马架、下支撑辊分别吊出。

12）根据新上机轧辊直径，确定垫板厚度，认真核对无误后方可装入支撑辊。

（2）装入支撑辊

1）由一人指挥吊车，将下支撑辊放在支撑辊换辊机滑座上；支撑辊换辊马架放在下支撑辊轴承座上；上支撑辊放在支撑辊换辊马架上，上、下支撑辊轴承座与马架之间通过定位销准确定位。下落定位过程中支撑辊两端要有人观察轴承座与换辊机滑座、换辊马架与轴承座的对正情况，观察人员要站在安全位置。

2）观察牌坊内的装辊空间有无物件阻碍，对阻碍物件进行处理。

3）将组装好的一对支撑辊向机架内推进。当轴承座即将进入牌坊时，支撑辊推拉缸要点动（即交替操作"工作辊支撑辊推拉缸停止"按钮及支撑辊推拉缸"推进"按钮），待轧辊轴承座顺利进入牌坊时，一直将支撑辊推进机架。

4）上支撑辊轴端挡板闭合到位。

5）将上支撑辊平衡缸解锁。

6）上支撑辊平衡缸上升到位。

7）将下支撑辊及换辊马架拉出，用吊车吊走换辊马架。

8）将下支撑辊推入机架到位。

9）将下支撑辊轴端挡板闭合到位。

10）人工将支撑辊推拉缸头部和滑座分离后，支撑辊推拉缸缩回到位。

11）用吊车将换辊小车吊起放至原位，将支撑辊油管装好。

C 换立辊

（1）拆除立辊前过桥和护栏。

（2）用点动手柄对扁头，使扁头方向与轧制方向平行，切断轧机前辊道、主轧机传动电源。

（3）方式选择开关拨至"换辊"位。

（4）左右侧压下及平衡装置带动立辊及滑架至开口度最大位置。

（5）用平衡缸推动轧辊至接轴正下方。

（6）用天车 C 形钩，将主轴可伸缩套筒从法兰盘处吊起，用事先准备好的长螺栓固定在主轴上。

（7）用手动葫芦将接轴吊离垂直方向一定角度。

（8）拆除立辊轴承座上部的固定螺栓。

（9）按下"操作侧立辊平衡缸前推"按钮，将操作侧立辊推至轧制中心线。

（10）吊入大 C 形钩，并用销子将 C 形钩头部与立辊扁头连接。

（11）将立辊吊出。

（12）装辊顺序与抽出立辊顺序相反，注意装辊时要对扁头。

（13）传动侧换辊与以上步骤相同。

（14）换辊完毕后方式选择开关拨至"轧钢"位。

（15）将 FE1 辊径输入计算机。

3.2.2.2　轧制调整操作

见第 2.3.2.1 节。

3.2.3　粗轧区主要产品缺陷及控制方法

从现场生产情况来看，粗轧区域存在的质量缺陷主要有侧弯、氧化铁皮、规格不合、扣翘头、楔形。下面介绍这几类缺陷产生的原因及控制方法。

3.2.3.1　侧弯缺陷

（1）产生原因。侧弯缺陷是由于轧件两侧延伸不一致引起的。引起轧件两侧延伸不一致的原因有以下几个方面：

1）水平轧机两侧辊缝不平，两侧辊缝存在差值，这样轧件在轧制过程中两侧延伸必然不一致，引起带坯侧弯。

2）轧件两侧温度不一致，这样即使水平轧机两侧辊缝一致，轧件在轧制过程中由于两侧温度不一致，也会出现两侧延伸不一致的情况，最终引起带坯侧弯。

3）轧件对中不良，即使轧机辊缝一致，轧件两侧温度一致，由于轧件对中不良，轧件在轧机内轧制时两侧所受的轧制压力也不一致，其两侧的延伸必然也不一致，引起带坯的侧弯。

4）来料两侧厚度不一致，即使上述三个原因都不存在，由于来料两侧厚度不一致，必然引起轧件两侧延伸不一致，引起带坯侧弯。

5）其他原因，如窜辊、轧辊磨削加工质量、轧辊在机使用不良（冷却不良）等都会引起轧件两侧延伸不一致，导致带坯侧弯。

（2）控制方法。出现侧弯缺陷，首先要分析是何原因引起的带坯侧弯，然后再采取相应措施控制。一般说来控制带坯侧弯的方法有以下几种：

1）对于水平轧机两侧辊缝不平，两侧辊缝存在差值引起的带坯侧弯，可通过单侧调整压下的方法处理；作为粗轧机来说，一般以传动侧为基准，调整操作侧来实现水平轧机两侧辊缝的一致。调整时如果带坯向传动侧弯则将操作侧压下单独上抬，反之则单独下压操作侧。这种情况多出现在换辊后，所以为了有效地避免这种情况的出现，每次换辊后要尽量采用压铜棒的方法对轧机进行调平，如果没有条件进行压铜棒调平而采用压差调平的方法，不能盲目追求零压差，而要视下机轧辊在机使用时的压差情况来调整。

2）对于轧件两侧温度不一致产生的侧弯，由于缺陷产生的原因不在本区域，所以要在粗轧区域来消除缺陷是不可能的，只有要求加热工序提高加热质量满足工艺要求。

3）对于轧件对中不良引起的侧弯，只有提高对中设备精度来保证轧件的对中良好。

4）对于来料两侧厚度不一致引起的侧弯，如果是原料（板坯）带来的，要在粗轧消除很困难，如果是 R_1 轧机带来的，可通过 R_1、R_2 的配合调整来消除。一般来说，如果 R_2 第一道次板形不良而末道次板形尚可，则 R_2 第一道次的板形缺陷多为 R_1 来料影响，这样就需要 R_1 对板形加以调整，一般情况 R_2 第一道次弯向操作侧，则 R_1 需要单独上抬操作侧压下，反之则单独下压操作侧压下；R_2 在 R_1 对板形作出调整后也要随同调整。一般来说 R_1 单独上抬操作侧，R_2 也要单独上抬操作侧，反之则单独下压操作侧。

5）对于其他原因引起的带坯侧弯，要靠工艺调和的办法来解决是不现实的，只有通过提高设备维护质量，保证设备精度来改善。

3.2.3.2 氧化铁皮缺陷

（1）产生原因

1）不严格执行除鳞制度。

2）板坯加热质量不良，炉生铁皮去除不良。

3）带坯在线待轧，为了保证整块钢板顺利通过轧机被迫采取减少除鳞道次的办法。

4）自动除鳞时除鳞水开启时间不合适，带坯头部未除到鳞。

5）辊道、过渡鼻梁、护板上有附着物，造成带坯热划伤引起氧化铁皮。

（2）控制方法

1）严格执行除鳞制度。

2）对于炉生铁皮去除不良的板坯无条件返回。

3）合理控制轧制节奏，减少带坯在线待轧的情况。

4）出现除鳞点延时不合适的情况要及时调整延时时间，保证带坯全长除鳞。

5）清除辊道、过渡鼻梁、护板上的附着物，避免带坯的热划伤。

3.2.3.3 规格不合缺陷

（1）产生原因

1）自动方式生产 L2 模型精度不高。

2）半自动方式生产设定不合理。

3）带坯局部温低。

4）信息反馈不及时。

（2）控制方法

1）及时向 L2 模型维护人员反映模型存在的问题，尽快提高模型精度。

2）粗轧操作工要根据规程要求，合理设定各道次的开口度。

3）避免带坯被辊道冷却水、除鳞水浇到，减少带坯局部温降。

4）加强上下工序的联系，及时反馈存在的问题，及时调整。

3.2.3.4 扣、翘头缺陷

（1）产生原因

1）带（板）坯上下表面温度不一致。

2）上下辊速不一致。

3）上下辊不在同一垂直面。

（2）控制方法

1）要求加热提高板坯加热质量，板坯上下表面温度差在较小的范围内。

2）通过操作台面"上辊速度升降"按钮，合理调节上下辊速度差，避免带坯扣、翘头。

3）加强维护质量，保证上下辊在同一垂直面上。

3.3 精轧区操作

精轧机组布置在中间辊道或热卷取箱（coil-box）的后面。它的设备组成包括切头飞剪前辊道、切头飞剪侧导板、切头飞剪测速装置、边部加热器、切头飞剪及切头收集装置、精轧除鳞箱、精轧机前立辊轧机（F1E）、精轧机、活套装置、精轧机进出口导板、精轧机除尘装置、精轧机换辊装置等。

3.3.1 精轧机组布置

精轧机组的布置有多种形式，在我国的热轧带钢轧机中，精轧机组的布置主要有 5 种，如图 3-17 所示。

在图 3-17(a) 种布置中，精轧机组为 6 架轧机，如攀钢 1450mm 轧机、鞍钢 1700mm 轧机的精轧机组，属第一代热轧带钢轧机，产量低、卷重小、轧制速度低。在改造时，因场地受限，在飞剪前设置了热卷取箱。

在 20 世纪 60 年代后，为了提高轧机生产能力，提高卷重，增大精轧机速度，满足大卷重的需要，精轧机列用 7 机架布置。我国武钢 1700mm 热连轧、本钢 1700mm 热连轧均属此类轧机，精轧机组布置属图3-17(b)种布置。

在图 3-17(c) 种布置中，有的工厂在切头飞剪前面或者后面改造后增设 F_0 轧机，相当精轧机组为 7 架轧机，太钢 1549mm、梅钢 1422mm 精轧机组均属此种布置。

20 世纪 80 年代后建设的新热带钢轧机精轧机组的布置属图 3-17(d) 或图 3-17(e) 种布置，带 F1E 轧机。我国宝钢 2050mm、1580mm，鞍钢 1780mm 精轧机组均属此类布置。

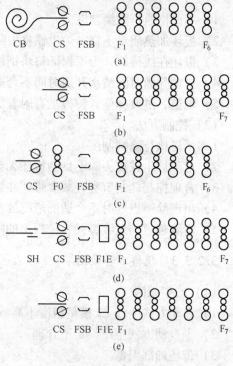

图 3-17　精轧机组布置图

(a) 有热卷取箱 6 机架精轧机组；(b) 7 机架
精轧机组；(c) 增设 F_0 的精轧机组；
(d)，(e) 带 F1E 轧机的精轧机组

3.3.2 精轧机组设备

3.3.2.1 边部加热器

边部加热器的功能是将中间带坯的边部温度加热补偿到与中部温度一致。带坯在轧制过程中，边部温降大于中部温降，温差大约为 100℃ 左右。边部温降大，在带钢横断面上晶粒组织不均匀，性能差异大，同时，还将造成轧制过程中边部裂纹和对轧辊严重的不均匀磨损。

边部加热器的形式有两大类。一类是保温罩带煤气烧嘴的火焰型边部加热器，这种边部加热器在国外生产硅钢的热带轧机精轧机组前可见。日本的八幡厂、意大利的特尔尼厂

均有这种形式的边部加热器。另一类是电磁感应加热型边部加热器，这种边部加热器在国外普遍采用，效果更好，因加热温度可以调节，适用各类钢种。我国宝钢 1580mm 热带轧机精轧机组，设有此类边部加热器。新建的鞍钢 1780mm 和武钢 2250mm 精轧机组预留了边部加热器的基础。

边部加热器加热带坯厚度范围为 20~60mm，带坯运行速度为 20~120m/min，边部加热范围为 80~150mm，边部增高温度最多可达 263℃，一般在距边部 25mm 处增加温度 80℃左右。边部加热器加热的钢种主要有冷轧深冲钢、硅钢、不锈钢、合金钢等。

3.3.2.2 切头飞剪

切头飞剪位于粗轧机组出口侧，精轧除鳞箱前。它的功能是将进入精轧机的中间带坯的低温和形状不良的头尾端剪切掉，以便带坯顺利通过精轧机组和输出辊道，送到卷取机，防止穿带过程中卡钢和低温头尾在轧辊表面产生辊印。

热轧带钢轧机的切头飞剪，一般采用转鼓式飞剪，少数采用曲柄式飞剪。转鼓式飞剪又分为单侧传动、双侧传动和异步剪切三种形式，它们的主要优点是结构较简单，可同时安装两对不同形状的剪刃，分别进行切头、切尾。

为减小转鼓剪切时的扭曲，提高剪切质量，在转鼓两侧均采用齿轮传动。异步剪切即为上下转鼓刀刃的线速度不一致，上刀刃比下刀刃线速度快。实现异步剪切的方法是上转鼓直径大于下转鼓直径约 5.6%，两转鼓的角速度相同，形成异步剪切。该剪切方式的主要优点是剪切断面质量好，剪切带坯厚度可增大到 60mm，避免了因剪刃磨损、剪刃间隙增大而剪不断的事故。

我国现行生产的热轧带钢轧机的切头飞剪，除宝钢 2050mm 采用曲柄式飞剪外，其余全部为转鼓式飞剪，其中，宝钢 1580mm、鞍钢 1780mm 轧机切头飞剪为转鼓式异步剪切飞剪。各种飞剪的示意图见图 3-18。

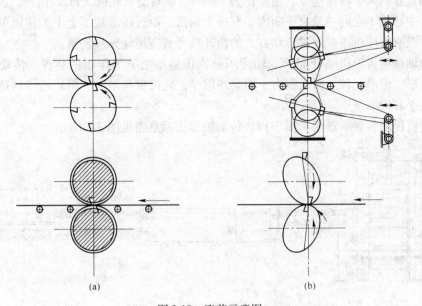

图 3-18 飞剪示意图
(a) 转鼓式；(b) 曲柄式

3.3.2.3 精轧机前立辊轧机（F1E）

精轧机前立辊轧机在 F_1 精轧机前，它的主要功能是进一步控制带钢宽度。该轧机具有一定的控宽能力，它的侧压能力最大可达 20mm（带坯厚度为 60mm），轧制力最大可达 1MN。在该轧机上可配置 AWC 的反馈功能、前馈功能以及卷取产生缩颈的补偿功能。

F1E 立辊轧机距 F_1 轧机中心线约 2800mm。轧机结构为上传动，由两台卧式电机经减速机与十字形传动轴相连，传动轧辊。轧辊开口度由两台电机经减速机与螺丝螺母相连，通过丝杆调节轧辊开口度。在丝杆端部与立辊轴承箱之间可设置 AWC 油缸，实现带钢的宽度自动控制。

我国现有的热轧带钢轧机精轧机组，除宝钢 1580mm、鞍钢 1780mm 设有立辊轧机并具有 AWC 功能外，其他热带钢轧机均未设置带 AWC 功能的立辊轧机。

3.3.2.4 精轧机列设备

A 传动装置

传动装置是将电动机转矩传递给工作轧辊的机械设备。其传递过程如下：电动机→减速机→中间轴→齿轮机座→传动轴→工作轧辊。

减速机一般设在精轧机组的前 3 架轧机，减速比一般在 1:5 ~ 1:1.8 之间。精轧机组后 4 架一般为直接传动，但也有少数轧机仍采用减速机。在我国，精轧机组前 3 架减速比在 1:6.85 ~ 1:1.97 之间，宝钢的 2050mm 轧机，在 F_4、F_5 轧机上仍有减速机，其减速比为 1.78 和 1.3。减速机对传动系统的响应速度有影响，应减少有减速机的机架。但是，采用减速机可以减少主电机的规格数量，可减少备件，扩大主电机共用性，还可降低主电机造价。因此，带减速机的机架数量，应根据具体条件来确定。

齿轮机座是将减速机或者主电机提供的单轴转矩分配给上下工作辊的装置。它由一组两个相同直径的人字齿轮构成，齿轮比为 1:1。对成对交叉轧机（PC）而言，齿轮座上下齿轮轴的中心线不在同一垂直平面内，有一个偏角。最近还出现了上下工作辊单独传动的精轧机，没有齿轮机座，此种传动方式的精轧机可实现精轧异步轧制。

传动轴是将齿轮机座分配的双轴转矩分别传递给上下工作辊的装置。传动轴有十字形、扁头形、齿形三种。新轧机由于中间坯增厚，轧机负荷增大，精轧机传动轴广泛采用十字形接手和齿形接手。

精轧机传动装置示意图见图 3-19。传动轴形式示意图见图 3-20。

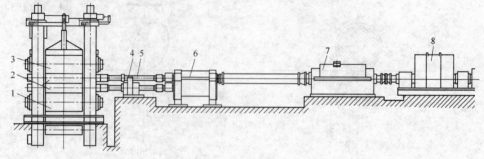

图 3-19 精轧机传动装置示意图

1, 3—支撑辊；2—工作辊；4—连接轴支座；5—连接轴；6—齿轮机座；7—减速机；8—电动机

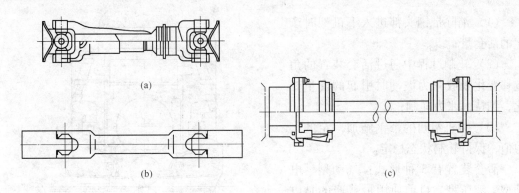

图 3-20　传动轴形式示意图

(a) 十字形；(b) 扁头形；(c) 齿形

B　压下装置

压下装置是调整工作辊辊缝的装置，有两种形式：电动压下装置和液压压下装置。20世纪 80 年代前的热轧带钢轧机，基本上全部为电动压下装置，极少数为液压压下装置。在 90 年代建设的新热带钢轧机，基本上采用液压压下装置，少数轧机采用电动压下＋液压 AGC 装置。压下装置示意图见图 3-21。

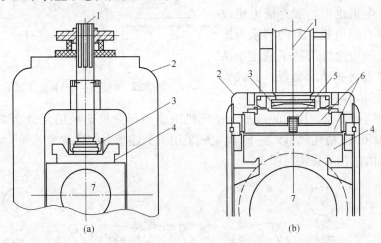

图 3-21　压下装置示意图

(a) 电动压下装置；(b) 液压压下装置

1—压下螺丝；2—牌坊；3—压力块；4—支撑辊轴承座；5—磁尺；6—液压缸；7—支撑辊

3.3.2.5　精轧机前后装置

精轧机前后设备主要包括入口侧导板，入口、出口卫板，轧辊冷却水及机架间冷却水装置，除鳞水装置，在线磨辊装置（ORG），热轧工艺润滑装置等。除在线磨辊装置（ORG）属于 PC 轧机专配设备外，其他装置均属所有热带轧机的共有装置。

精轧机导卫装置布置见图 3-22。

A　活套装置

活套装置设置在两架精轧机之间，它的作用是：

（1）消除带钢头部进入下机架时产生的活套量；

（2）轧制过程中通过活套装置的角位移变化吸收张力波动时引起的套量变化，维持恒张力轧制；

（3）对机架间的带钢施加一定的张力值，保持轧制状态稳定。

活套装置有 3 种形式：气动型、电动型、液压型，目前使用最普遍的是电动型和液压型。我国热带轧机精轧机组的活套装置有液压型和电动型。

活套装置要求响应速度快、惯性小、启动快且运行平稳，以适应瞬间张力变化。气动型活套装置现已基本淘汰。电动型活套装置为减小转动惯量，提高响应速度，由过去带减速机改为电机直接驱动活套辊，电机也由一般直流电机改为特殊低惯量直流电机。有的厂家为进一步提高活套响应速度采用了液压型活套，由液压缸直接驱动活套辊，如武钢 2250mm 精轧机活套为液压活套。

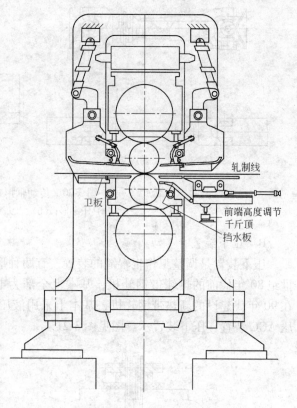

图 3-22　精轧机导卫装置布置示意图

随着机架间张力控制技术的进步，精轧机组前面部分机架采用无活套微张力轧制控制，如宝钢 2050mm 精轧机组 $F_1 \sim F_2$ 机架就采用了上述张力控制技术。

活套装置的结构示意图见图 3-23。

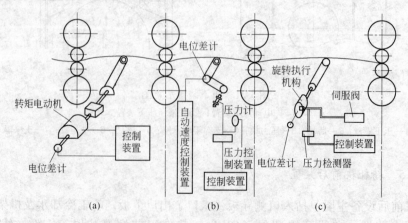

图 3-23　活套装置示意图
（a）电动活套；（b）气动活套；（c）液压活套

B　精轧机间带钢冷却装置

精轧机间带钢冷却装置的主要功能是控制终轧温度，保证精轧机终轧温度控制在

±20℃之内。它是布置在机架出口侧的上下两排集管，集管上装有喷嘴，每根集管的流量大约为 100～150m³/h，水压一般与工作辊冷却水相同。也有的轧机将集管布置在轧机入口侧。为了防止冷却水进入下一机架，在冷却集管处还安装了一个侧喷嘴，清扫带钢表面的水和杂物等。国内各精轧机组机架间冷却装置的设置情况见表3-3。

表3-3 机架间冷却装置

序 号	机 组	设置位置		水压/MPa		备 注
		除 鳞	冷 却	除 鳞	冷 却	
1	宝钢 2050mm 精轧机组	F_1	$F_2 \sim F_6$	15	0.4	
2	宝钢 1580mm 精轧机组	F_1、F_2	$F_1 \sim F_6$	15	2.0	
3	鞍钢 1780mm 精轧机组	F_1、F_2	$F_3 \sim F_6$	10	1.0	
4	武钢 1700mm 精轧机组	F_1	$F_2 \sim F_6$	15	2.3	
5	武钢 2250mm 精轧机组	F_1	$F_2 \sim F_6$	16	1～0.4	
6	本钢 1700mm 精轧机组		$F_1 \sim F_6$			
7	攀钢 1450mm 精轧机组		$F_1 \sim F_5$		1.0	改造中
8	梅钢 1422mm 精轧机组		$F_1 \sim F_6$		1.0	改造中
9	太钢 1549mm 精轧机组		$F_0 \sim F_5$		1.0	改造中

C 润滑轧制

采用润滑轧制的目的是为了降低轧制力，减小轧制能耗，减少轧辊磨损，降低辊耗，改善轧辊表面状态，提高带钢表面质量。

轧制时润滑油的供油方式有两种：一是直接供油，二是间接供油。直接供油是润滑油通过毛毡之类物品将油涂在轧辊上，或者通过喷嘴将油直接喷在轧辊表面上，工作辊、支撑辊均可喷油，直接供油法耗油量大。间接供油方式是采用油水混喷方式或蒸汽雾化喷吹方式。蒸汽雾化是用高压蒸汽将轧制油雾化，经喷嘴向轧辊表面喷涂。雾化方式的油浓度约为 7%～10%。油水混喷方式是在供油管的中途加入水，使油水混合，将混合后的油水用喷嘴喷向轧辊表面。油水混喷油浓度大约为 0.1%～0.8%。

润滑油喷嘴与轧辊冷却水必须用刮水板分开（即入口上下卫板分开）。喷嘴安装位置在入口侧，混合油用水为过滤水，润滑油因轧辊材质不同应有区别。一般前3架为一种油，后4架为另一种油。

根据各种润滑方式使用结果的分析可以看出，间接供油方式比直接供油方式效果好，且省油，因此使用较普遍。我国宝钢 1580mm 和鞍钢 1780mm 精轧机组的润滑轧制，均为间接供油的油水混合方式。

润滑轧制的好处表现在以下几个方面：

(1) 减少轧辊磨损，降低轧辊单耗，延长换辊周期和轧制公里数。轧辊消耗量可降低 40%～50%，轧制公里数可增加 20%～40%。

(2) 降低轧制力，减少电能消耗并可实现更薄规格带钢的轧制。轧制力可降低 8%～15%，电流降低 8% 左右。

(3) 改善轧辊表面状况，提高带钢表面质量。

3.3.2.6　辊道及带钢冷却装置

A　辊道的作用和布置形式

a　作用

热轧带钢生产线上的辊道一般根据工作性质和所在位置的主要设备来分类，从板坯上料到带钢卷取通常分为：上料辊道、运输辊道、装炉辊道、出炉辊道、延伸辊道、工作辊道、中间辊道、输出辊道、机上辊道和特殊辊道。

辊道因种类的不同，其作用也有所不同，但主要作用有：

(1) 运送轧件；

(2) 辅助主要设备工作，将轧件运入或运出主要设备；

(3) 调节轧件温度。

b　布置形式

一般辊道位于加热炉、粗轧机、精轧机和卷取机之间，以及卷取机上，主要差别在于辊道分组方式略有不同。

具有代表性的热轧带钢厂的辊道布置如图 3-24 和图 3-25 所示。

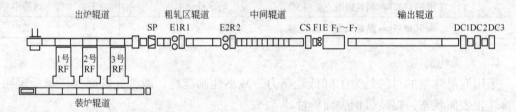

图 3-24　宝钢 1580mm 热轧带钢厂辊道布置图

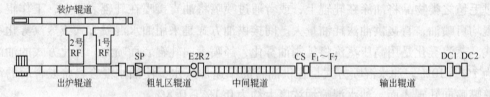

图 3-25　武钢 2250mm 热轧带钢厂辊道布置图

B　结构和传动方式

a　结构

辊道由辊子、辊道架、侧导板、盖板和传动装置组成。辊道的结构形式有固定辊道、升降辊道、倾斜辊道、旋转辊道和摆动辊道等。

辊子结构形状有实心辊、空心辊、圆盘辊。辊子材质有锻钢、铸钢、厚壁钢管、铸铁。辊子冷却方式有外部冷却、内部冷却、辊颈冷却。

辊道的结构与用途有关，如上料辊道、出炉辊道、粗轧机工作辊道。轧件运行速度慢，但温度高、冲击负荷大，通常采用实心锻钢辊；而输出辊道，轧件负荷轻，但运行速度快，辊子易磨损，通常采用表面喷涂空心锻钢辊或空心铸钢辊。大多数辊子采用外部冷却，只有特殊场合使用的辊子，采用内部冷却或辊颈冷却。

典型的辊道结构如图 3-26 所示。

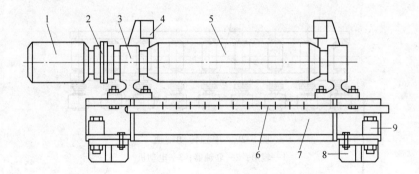

图 3-26　典型的辊道结构

1—电动机；2—联轴器；3—轴承座；4—侧导板；5—辊子；

6—冷却水管；7—辊道架；8—底座；9—快速更换块

b　传动方式

辊道的传动方式分为集体传动和单独传动。

辊道集体传动是由 1 台电动机通过减速机和分配机构传动 1 组辊子，具有相对电机容量小、电控装置少、防止轧件打滑性能好等优点，但传动机构复杂、占地面积多、设备质量大。热轧带钢厂的集体传动辊道通常用于板坯上料辊道、粗轧机区工作辊道。

辊道单独传动是由 1 台电动机传动 1 根辊子，具有传动机构简单、设备质量轻、占地面积少、布置灵活等优点，但相对电机容量大、电控装置多。热轧带钢厂的单独传动辊道通常用于加热炉出炉辊道、粗轧机区延伸辊道、中间辊道、输出辊道和特殊辊道，其传动方式主要有带减速机和不带减速机两种。近年来，随着电机性能的提高，尤其是辊道结构有利于侧导板布置，单独传动辊道也逐渐用于粗轧机工作辊道。

典型的辊道传动方式如图 3-27 ~ 图 3-29 所示。

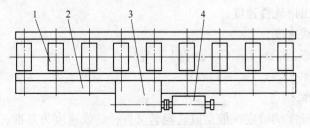

图 3-27　传统的集体传动辊道

1—辊道；2—分配齿轮箱；3—减速机；4—电动机

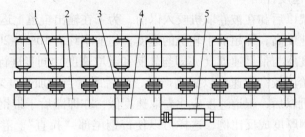

图 3-28　改进型集体传动辊道

1—辊道；2—分配齿轮箱；3—联轴器；4—减速机；5—电动机

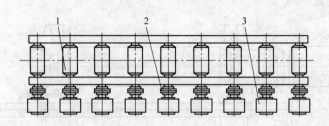

图 3-29　单独传动辊道
1—辊道；2—联轴器；3—电动机

C　辊道速度的确定和控制

a　轧机前后辊道的速度确定

轧机前后辊道的速度，不仅与轧辊线速度有关，而且与轧制过程中的前滑和后滑有关。如果辊道速度与轧件速度不匹配，辊道与轧件之间产生相对滑动，就会出现轧件拖着辊道走或轧件冲击辊道的现象，造成轧件表面划伤，加剧辊道磨损。为了避免辊道与轧件之间产生相对滑动，轧机前后辊道的速度应考虑前滑和后滑，使之与轧机入口、出口轧件的速度同步。

轧机前后辊道速度与前滑、后滑的关系如下：

轧机入口轧件速度：

$$v_H = (1 - S_H)v$$

轧机出口轧件速度：

$$v_h = (1 + S_h)v$$

式中　　v_H——轧机入口轧件速度；

v_h——轧机出口轧件速度；

v——轧辊线速度；

S_H——后滑率，$S_H = 1 - (1 - \varepsilon)(1 + S_h)$；

S_h——前滑率，$S_h = (v_h - v)/v$；

ε——压下率。

轧机前后辊道速度的确定一般是以轧辊名义直径的线速度为基准，再根据轧辊最大和最小直径的线速度并考虑前滑、后滑进行修正。

b　输出辊道的速度控制

带钢出精轧末架以后和在被卷取机咬入以前，为了在输出辊道上运行时能够"拉直"，辊道速度应比轧制速度高，即超前于轧机的速度，超前率约为 10% ~ 20%。当卷取机咬入带钢以后，辊道速度应与带钢速度（亦即与轧制和卷取速度）同步进行加速，以防产生滑动擦伤。加速段开始用较高加速度以提高产量，然后用适当的加速度来使带钢温度均匀。当带钢尾部离开轧机以后，辊道速度应比卷取速度低，亦即滞后于带钢速度，其滞后率为 20% ~ 40%，与带钢厚度成反比例，这样可以使带钢尾部"拉直"。卷取咬入速度一般为 8 ~ 12m/s，咬入后即与轧机等同步加速。考虑到下一块带钢将紧接着轧出，故输出辊道各段在带钢离开后即自动恢复到穿带的速度以迎接下一块带钢。

D 带钢冷却装置

常用的带钢冷却装置有层流冷却装置、水幕冷却装置、高压喷水冷却装置等多种形式。高压喷水冷却装置结构简单，但冷却不均匀、水易飞溅，新建厂已很少采用。水幕冷却装置水量大、控制简单，但冷却精度不高，有许多厂在使用。层流冷却装置，设备多、控制复杂，但冷却精度高，目前广泛使用。

a 层流冷却装置

层流冷却装置位于精轧出口和卷取入口之间的输出辊道上，用于带钢控制冷却。层流冷却的水压稳定，水流为层流，通常采用计算机控制，控制精度高，冷却效果好。层流冷却装置主要由上集管、下集管、侧喷、控制阀、供水系统及检测仪表和控制系统组成。

层流冷却装置布置示意图如图 3-30 所示。

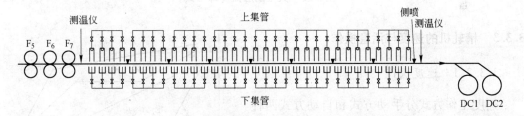

图 3-30 层流冷却装置布置示意图

b 层流冷却原理

层流冷却是采用低压大流量的方式进行，冷却水从水箱中以虹吸原理用 0.0085MPa 的压力从集管中流出，热带钢上下表面冷却水总的流量为 1300 ~ 1400m³/h。依据带钢钢种、规格、温度、速度等工艺参数的变化，对冷却的物理模型进行预设定，并对适应模型更新，从而控制冷却集管的开闭，调节冷却水量，实现带钢冷却温度和冷却速度的精确控制。为防止冷却水在带钢表面积存造成冷却不均匀，采用压力 1MPa 的侧喷嘴将积水清走。层流冷却控制原理图见图 3-31。

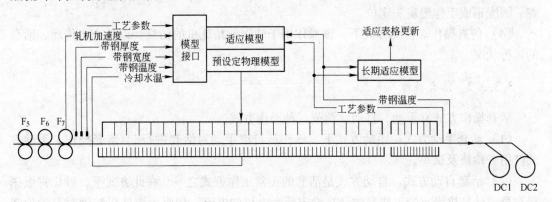

图 3-31 层流冷却控制原理图

c 冷却方式

通常层流冷却装置分为主冷却段和精调段。典型的冷却方式有：前段冷却、后段冷却、均匀冷却和两段冷却。冷却方式和冷却曲线如图 3-32、图 3-33 所示。

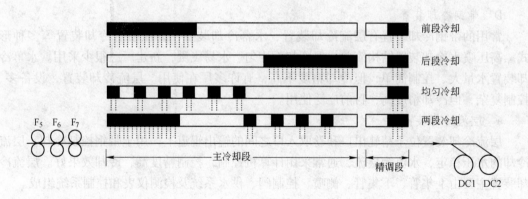

图 3-32　典型的层流冷却方式

3.3.3　精轧机的速度与活套操作

3.3.3.1　速度操作

速度工作方式分手动方式和自动方式两种。手动方式用于轧机的启动和设备的检查或调试；自动方式用于轧钢。

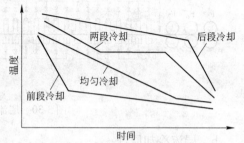

图 3-33　典型的冷却曲线

（1）人工联动速度微调。自动方式下，轧钢时，需要调节当前机架活套量，上游所有机架将按比例同时升降（系统根据秒流量相等的原则计算出各机架应升降的速度），调节量为 ±5%。

（2）人工单动速度微调。自动方式下，轧钢时，需要调节当前机架活套量，操作工升降当前机架速度时，仅当前机架速度升降，上游所有机架速度不变，调节量为 ±5%。

（3）轧机点动操作。手动方式下，操作工点动正反向转动轧机。此操作用于设备检查、倒废钢或工作辊扁头定位。

（4）仿真操作。自动方式下，该操作用于轧钢前精轧机的仿真，以检查主传动、活套的运行状况。

3.3.3.2　活套操作

活套操作方式有手动、自动、调节三种操作方式。

（1）活套手动方式。手动方式下，操作员可以手动对活套进行起/落套操作。手动方式仅用于检修及试车。

（2）活套自动方式。自动方式是活套的正常工作方式之一。在此方式下，PLC 将根据操作员或计算机设定的工作参数计算给定活套电机的电流，相应下游轧机咬钢时自动抬起活套及相应上游机架抛钢时自动落下活套。

1）活套在自动方式工作时，系统需要计算下列参数：

①轧线高度偏差；

②机架间带钢段质量；

③活套电机的力矩电流。

2）操作工需要输入的工作参数如下：

①支撑辊辊径；

②工作辊辊径；

③支撑辊垫块厚度；

④带钢绝对张力；

⑤精轧机末架速度；

⑥精轧机出口带钢厚度。

（3）活套调节方式。调节方式下，活套的基本工作情况与自动方式相同，控制参数的计算完全一致。不同的是，该方式下活套臂的角度变化将对相关机架的速度产生调节作用。PLC 根据操作员设定的工作角度，通过调节上游机架的速度，来保证实际角度与设定的角度一致。实际角度大于设定值时，相应上游机架的速度将减小；反之，速度升高。

3.3.4　精轧机轧制调整

3.3.4.1　活套角度张力调整

轧钢过程中，活套达不到工作角度，带钢把活套压住起不来，要进行如下操作调整：

（1）修改活套角度设定值；

（2）修改张力微调值；

（3）速度微调，单机架活套工作角度达不到，用速度级联微调；上下游机架活套工作角度均不正常，用单机速度微调。

3.3.4.2　板形调整

（1）单边浪调整。如果带钢传动侧浪形，液压倾斜调整抬传动侧压下（压操作侧）；带钢操作侧浪形，则压传动侧（抬操作侧）。

（2）双边浪调整。

1）如果是单机架双边浪，减小当前机架轧制负荷，或者增大当前机架弯辊力。

2）如果是成品带钢双边浪，增大前三架机架负荷，减小后三架机架负荷，或者减小前三架机架弯辊力，增大后三架机架弯辊力。

3.3.4.3　厚度控制

（1）超厚调整。减小厚度修正量，最大修正量 −0.10mm。

（2）超薄调整。增加厚度修正量，最大修正量 +0.10mm。

3.3.5　粗轧区主要产品缺陷及控制方法

3.3.5.1　厚度偏差

（1）厚度偏差产生原因：

1）精轧机组空载辊缝设置不当是导致带钢头部厚度偏差的主要原因。设定误差主要受坯料温度、厚度、宽度等参数的波动影响。

2）带钢头尾温差和加热温度不均是产生带钢同板厚差（带卷纵向厚差）的主要原因。

3）当带钢离开各架轧机时，张力消失，使轧制压力突然增加，造成台阶形厚差。

4）轧机的轴承油膜厚度变化，轧辊偏心都会对带钢厚度产生影响。

（2）厚度控制措施。厚度精度是热带产品质量指标中最为敏感且易检测的指标，因此成为生产过程中必须严格控制的重要参数。控制措施主要有：

1）降低带坯局部温差；

2）保证液压 AGC 系统的控制精度；

3）保证过程计算机的厚度命中率。

3.3.5.2　断面形状

断面形状主要包括凸度、楔形以及局部高点。凸度表示带钢中部与边部 40mm 的厚度差。楔形表示带钢宽度两侧（边部 40mm）的厚度差。局部高点是近年来冷轧等用户对热轧产品断面厚度分布情况的新要求。断面形状控制的主要措施，见表 3-4。

表 3-4　断面形状产生原因及控制措施

项　目	主　要　原　因	措　施
凸　度	精轧工作辊严重磨损	（1）换辊；（2）增大弯辊力；（3）调整轧制节奏；（4）控制前几机架板凸度
楔　形	加热不均，轧制时带钢跑偏，不对中，侧弯	（1）轧制时对中轧件；（2）调整压下水平
局部高点	精轧工作辊磨损不均，带钢局部温低	（1）换辊；（2）防止带钢局部温低

3.3.5.3　板宽偏差

在轧制过程中，板坯宽度压下量、精轧机架间及精轧机与卷取机之间的张力等宽度精度的影响较大。控制措施有：

（1）采用自动板宽控制技术 AWC；

（2）控制精轧机之间的微张力，不拉钢轧制；

（3）控制精轧机和卷取机之间的张力。

3.3.5.4　板形不良

常见的板形缺陷有镰刀弯、浪形和瓢曲。

造成板形不良的主要原因有：

设备因素：包括工作辊直径、工作辊原始凸度以及支撑辊直径和原始凸度；

工艺因素：包括钢板宽度、轧制压力、压下规程、张力、轧制速度、轧辊热凸度、轧辊磨损等。

目前板带钢板形控制有工作辊和中间辊可轴向移动的六辊轧机（HC）、成对轧辊交叉轧机（PC）、连续可变凸度轧机（CVC）、弯辊和轴向移动轧机（WRB + WRC）以及支撑辊凸度可变轧机（VC）等。

（1）优化负荷分配。

双边浪：增加前几机架负荷，减小后机架及当前机架负荷。

中间浪：减小前几机架负荷，增加当前机架负荷。

（2）调整弯辊力。

双边浪：减小前几机架弯辊力，增大当前机架弯辊力。

中间浪：增大前几机架弯辊力，减小当前机架弯辊力。

3.3.5.5 表面缺陷

带钢表面质量缺陷与炼钢、热轧的轧制、卷取、取样等工序有关。典型的表面缺陷见表 3-5、表 3-6。

表 3-5 带钢表面质量缺陷产生的原因及防止措施

名　称	表现形式	产生原因	防止措施
结疤	（1）板坯上下表面都可能出现； （2）形状为结疤状	（1）板坯裂纹或夹渣； （2）板坯清理不当	炼钢清理板坯
分层	钢板断面出现分层	板坯内部缺陷，如缩孔、气泡偏析等在轧制中没有被压合	保证板坯质量
异物压入	由于异物被压入，板带上表面呈明显异物压入状	在轧制时异物落在钢上面	清理机架间杂务，防止异物落入
辊印（网纹）	板带表面出现周期性的凹凸形状的缺陷，上下表面都有可能出现	（1）辊子粘肉或粘入异物（凹形缺陷）； （2）轧辊掉肉（凸形缺陷）； （3）由于卡钢、轧辊冷却不良等原因使精轧工作辊表面热裂，形成网纹状，轧制时压入钢板表面	（1）根据缺陷周期判断是哪根辊子粘（掉）肉，然后换辊； （2）轧制中防止带钢轧烂； （3）装辊时注意别碰伤轧辊； （4）保护上机使用的轧辊
划伤	（1）较细较浅的擦伤，沿轧制方向连续或断续出现一条或几条； （2）划伤时有时出现金属光泽，有时没有	（1）输出辊道辊子卡阻或变形； （2）轧制线上固定突出物造成的擦伤，如后卫板	（1）更换不转或变形的辊子； （2）清除固定突出物
边损	板带缺口状损伤	（1）带钢受精轧机、卷取机侧导板挤压； （2）搬运造成	（1）合理设定侧导板开口度； （2）防止带钢跑偏； （3）消除塔形

表 3-6 氧化铁皮缺陷

名　称	生成形状	生成原因	预防措施
麻点	（1）细小点状铁皮压入； （2）轧件温度越高越严重； （3）碳含量越高，越容易出现，并且缺陷严重	（1）精轧机架间生成的二次氧化铁皮压入； （2）$F_1 \sim F_3$ 工作辊氧化膜脱落，轧辊表面粗糙时生成	（1）改善轧辊冷却效果，防止轧辊氧化膜脱落； （2）加强换辊管理； （3）控制开轧温度； （4）压下量合理分配
小舟形压入	（1）沿轧制方向的小舟形状的压入； （2）多数位置不定，分散	除鳞不净，局部残余一次氧化铁皮	（1）除鳞装置完全去除一次氧化铁皮； （2）在加热炉内生成容易剥离的氧化铁皮

名　称	生成形状	生成原因	预防措施
条状铁皮压入	在宽度方向的一定位置上压入带状铁皮，宽度方向一定位置连续或不连续出现	除鳞装置一个或数个喷嘴堵塞	更换除鳞喷嘴
粗铁皮压入	整个宽度方向粗铁皮压入	（1）粗轧机除鳞喷嘴完全不起作用； （2）粗轧机除鳞水压力低	（1）防止除鳞喷嘴堵塞； （2）防止除鳞滞后； （3）保证除鳞水压正常
鳞状压入	由于轧件温度过高而产生	精轧除鳞后生成二次氧化铁皮，此种快速增长的二次氧化铁皮被轧辊压入后，形成鳞状缺陷	降低精轧开轧温度
红铁皮	表面留下红色铁皮，形状有带状或线状	（1）一次铁皮剥离不净； （2）二次氧化铁皮难于除净而残存	（1）优化加热工艺； （2）确保适当的轧制温度

3.3.5.6　轧制温度超差

加热温度、精轧温度、卷取温度是轧制过程中重要的工艺控制参数，也是产品质量管理的重要内容。因为这些温度直接影响产品力学性能，因此，必须严格地将其控制在预定目标温度范围内。

（1）精轧开轧温度控制措施：

1）控制板坯出炉温度；

2）提高粗轧机轧制速度；

3）减小中间坯轧制和输送过程温降。

（2）精轧终轧温度控制措施：

1）保证开轧温度达目标值；

2）提高精轧轧制速度；

3）控制机架间冷却水。

（3）卷取温度控制措施。卷取温度由层流冷却的 CTC 和自动方式的前馈、反馈功能控制，CTC 功能不需要操作干预；自动方式则需要操作人员设定给定喷水规程，必须根据终轧温度、轧制速度、卷取温度实际控制情况，对喷水规程作出适当调整。

3.4　卷取机组操作

3.4.1　卷取机

最初的卷取机，卷筒有轧制线式和固定式两种。目前广泛采用的是固定式地下卷取机。

3.4.1.1　卷筒

卷筒主要部件为扇形块、斜楔、心轴、液压缸等，图 3-34 为卷筒结构示意图。为了使卷取后的钢卷能顺利抽出，扇形板在斜楔的作用下移动，卷筒直径可随之变化。斜楔称为胀缩机构。卷筒的胀缩是由液压缸带动心轴，通过胀缩机构实现的。卷筒扇形块直接与高温带钢接触，通常采用 Cr-Mo 耐热钢。

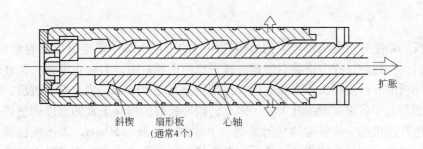

斜楔　扇形板　　　心轴
　　　（通常4个）

图 3-34　卷筒结构示意图

3.4.1.2　助卷辊

助卷辊的作用是：

（1）准确地将带钢头部送到卷筒周围；

（2）以适当压紧力将带钢压在卷筒上，增加卷紧度；

（3）对带钢施加弯曲加工，使其变成容易卷取的形状；

（4）压尾部防止带钢尾部上翘和松卷。

助卷辊工作条件恶劣，在高温、高压、高速并且在冲击负荷下工作。因此，要求助卷辊有高硬度、耐磨、耐高温性能，通常都使用特殊铸钢辊。现在，对助卷辊采用表面硬化处理非常广泛，即在一般辊子表面堆焊或喷涂一层耐磨、耐热且硬度高的合金，以满足助卷辊的性能要求。这种助卷辊磨损后还可以进行再处理。

3.4.1.3　夹送辊

夹送辊设置在卷取机入口处，它的主要功能是：

（1）将带钢头部引入卷取机入口导板；

（2）在带钢尾端抛出精轧机时，对带钢施加所需要的张力，以便得到良好的卷取形状；

（3）通过对夹送辊的水平调整，获得良好的卷形。

夹送辊是一对上大下小的辊子，上下辊之间有 10°~20° 的偏角，带钢头部进入夹送辊后，头部被迫下弯，进入卷取机入口导板。

夹送辊上下辊都带有凸度，以便在卷取时带钢对中和延长辊子寿命。夹送辊对带钢施加后张力是由夹送辊的压紧力和传动马达决定的。夹送辊的形式由摆动式发展为牌坊式、双牌坊式。卷取张力有卷筒与精轧机形成张力、卷筒与精轧机和夹送辊形成张力、卷筒与夹送辊形成张力三种形式。我国卷取机夹送辊还没有双牌坊式夹送辊，现采用的夹送辊多数为摆动式，其他为牌坊式。双夹送辊的组成见图3-35。

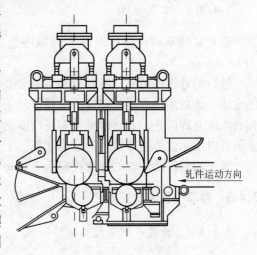

轧件运动方向

图 3-35　双夹送辊组成

3.4.1.4　侧导板

侧导板的功能是将输出辊道上偏离辊道中心的带钢头部平稳地引导到卷取机中心线，送入卷取机，在轧制过程中继续对带钢进行平稳的引导对中。为防止带钢头部在侧导板处卡钢，侧导板的开口度在头部未到达前，比带钢宽 50~100mm。当头部通过后，侧导板将快速关闭到稍大于带钢宽度的开口度。因此，侧导板的结构除正常的宽度调整机构外，还有一个快速开闭机构，该机构的开闭量是一个常数，一般为 50mm，采用气缸操作，通常称为短行程机构。侧导板的传动一般采用电机和齿轮齿条传动，近年来已大量采用液压传动侧导板，设定精度及对中效果均优于电动侧导板。

3.4.2　卷取机操作调整

3.4.2.1　夹送辊水平调整

轧辊每次换辊后，需要进行水平调整。

水平调整时，空压力设定 0.5MPa；夹送辊开口度设定 2.0mm；侧导板开口度为 900mm，用两根直径 10mm 铝条沿着侧导板放进夹送辊中间，然后夹送辊下降再上升，取出铝条测量其最薄处厚度。当两根铝条有误差时，以传动侧为基准对工作侧的单侧进行调整，调整量是误差值的三倍（具体倍数与机组卷取宽度参数有关），为了准确，应按上述步骤再调整一次。

3.4.2.2　助卷辊水平调整

助卷辊换上新辊后，需进行水平调整。调整顺序为 1 号、2 号、3 号。

操作顺序为：打开助卷辊→转动卷筒、扩径→扇形块中部对准助卷辊→卷筒停转→助卷辊停转（辊缝设定 0~25.0mm）→插上安全销，停 6 号液压，关闭截止阀→在距辊端 x 处测量辊缝。以工作侧为基准对传动测进行调整。调整量是误差的 $l/(l-2x)$ 倍（l 为辊两端轴承支点之间的距离，一般 $l/(l-2x)$ 应整理成整数或容易记忆的数值，以利于工人操作），为了准确按上顺序再作一次。

3.4.2.3　零调操作

助卷辊的零调：助卷辊的零调顺序为 1 号、2 号、3 号，非零调助卷辊的间隙设定为 10.0mm。

进行助卷辊零调时，将卷筒和助卷辊的速度分别设定为 500m/min，记住此时助卷辊的电流，然后用助卷辊开口度手动操作开关将助卷辊慢慢下压，当助卷辊的电流指针稍一偏离原位立即停止，看此时助卷辊开口度是否显示为零。如此时的值不为零，应将零调盘上的开口度示值拨至零位。为准确起见，上述操作应重复一二次。

零调后再将助卷辊的辊缝设定为 3.0mm。夹送辊零调操作方法同助卷辊。

3.4.3　卷取卡钢事故处理

3.4.3.1　出现卡钢事故的操作

（1）停止卷取机；

（2）精轧未抛钢前，手动正转精轧出口段辊道直至末机架抛钢；

（3）关闭层流冷却水和卷取机冷却水；

（4）层流冷却水架翻起；

（5）准备好吊具，气割枪；

（6）鸣笛四声叫吊车；

（7）根据卡钢情况处理废钢。

值得注意的是：

（1）处理卡钢时，操作台人员必须听从现场工作的本台人员的指挥，确认弄清现场指挥的指令后，方可转动相关的设备。

（2）热输出辊道上堆钢时，严禁在堆钢处的尾部站人吊运辊道上的废钢时，指吊及处理废钢人员必须远离危险区，周围不得有闲杂人员观看，以免吊起的废钢突然散开伤人。

（3）现场指吊时，必须设专人且哨声和手势正确、规范，以免吊车司机误解，导致人员伤亡。

3.4.3.2　处理方法

（1）带钢头部未进夹送辊的处理：

1）将夹送辊入口段辊道反转，使带头退到便于切割、吊运的地方；

2）用气割枪将带钢分成一定长度的短带钢；

3）用钢绳分段将废钢吊离辊道；

4）检查辊道、侧导板等设备在废钢及其处理过程中有无损坏、割伤、粘肉等问题；

5）对设备损坏、割伤进行处理，并打磨粘肉；

6）恢复设备的生产状态，通知调度室安排出钢。

（2）带钢头部已过夹送辊，但未缠上卷筒半圈，且头部情况较好的情况：

1）反转夹送辊入口段辊道，将带钢倒出夹送辊；

2）按"带钢头部未进夹送辊的处理"方法及步骤进行处理。

（3）带钢头部已过夹送辊，头部已严重碰烂、折叠的情况和已在卷筒上缠上半圈的情况：

1）将带钢从夹送辊入口处割断、分成内外两部分处理；

2）外部带钢按"带钢头部尚未进夹送辊的处理"的方法及步骤进行处理。

（4）卷取机内部带钢处理：

1）小车进入卷取机内；

2）1号、3号助卷辊抱拢、卷筒直径预涨；

3）转动助卷辊和卷筒，将整段带钢卷入机内；

4）若能用小车托出，则采用手动卸卷方式将废钢卸出，然后吊走，否则，用钢绳套住废钢吊出卷取机；

5）废钢处理完后，按"带钢头部尚未进夹送辊的处理"的方法进行设备检查处理和生产恢复。

3.4.4　卷取区主要产品质量缺陷及控制措施

3.4.4.1　塔形缺陷

（1）钢卷塔形缺陷见图 3-36。

（2）缺陷产生的主要原因。

1）来料原因：

①精轧来料出现轧烂现象；

②精轧来料侧弯、跑偏；

图 3-36　钢卷塔形缺陷

③卷取温度异常。

2）设备原因：

①侧导板衬板磨损严重，平行度及对中度不能满足工艺要求；

②侧导板伺服系统位置和压力响应不能满足工艺要求；

③夹送辊、助卷辊、卷筒磨损严重；

④夹送辊、助卷辊、卷筒伺服系统位置和压力响应不能满足工艺要求；

⑤卷取设备的传动系统运行不稳定；

⑥现场检测元件及 PLC 工作不稳定；

⑦过程机及网络工作不稳定；

⑧卷取参数设定不合理。

（3）控制措施：

1）定期对设备进行初始化，发现问题及时联系处理；

2）规范设备的点检、维护，确保设备的运行状态满足工艺要求；

3）提高岗位人员的操作技能，正确设定卷取参数。

3.4.4.2　松卷缺陷

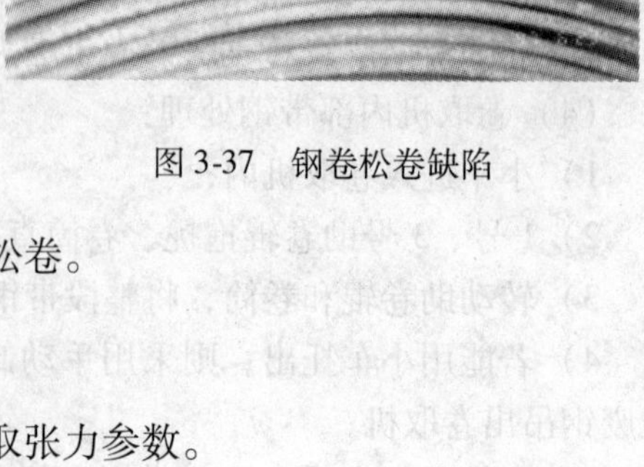

（1）钢卷松卷缺陷见图 3-37。

（2）缺陷产生的主要原因。

1）卷取过程出现"失张"现象，造成松卷。

①卷取张力设定过小；

②卷筒、夹送辊的传动系统故障，造成失张。

图 3-37　钢卷松卷缺陷

2）在进行开卷检查回卷后，造成钢卷的外圈松卷。

3）卷取温度过低。

（3）控制措施：

1）提高岗位人员的操作技能，设定合理的卷取张力参数。

2）加强卷取传动设备的检查、维护，减少传动故障。

3）严格按规定对开卷检查后的钢卷进行打捆。

3.4.4.3　折叠缺陷

（1）钢卷折叠缺陷见图 3-38。

（2）缺陷产生的主要原因：

1）精轧来料扣头、翘头、跑偏现象严重，在进行卷取时，产生折叠缺陷。

2）卷取过程出现带钢起套的异常现象，产生折叠缺陷。

①传动故障，出现卷取速度异常或"失张"现象，产生折叠缺陷；

②传动设备的超前率和滞后率设定不合理。

（3）控制措施：

1）提高精轧岗位人员的操作技能，减少带钢出精轧末机架后扣头、翘头、跑偏现象；

图 3-38　钢卷折叠缺陷

2）加强卷取传动设备的检查、维护，减少传动故障；

3）规范工艺参数的设定，严格按工艺要求设定传动设备的超前率和滞后率。

3.4.4.4　辊印、压痕、划伤缺陷

（1）辊印、压痕、划伤缺陷见图 3-39。

图 3-39　辊印、压痕、划伤缺陷

（2）缺陷产生的主要原因：

1）热输出辊道的辊子存在堵转现象；

2）辊道、夹送辊、助卷辊、卸卷小车托辊的辊面存在粘肉、凹坑缺陷。

（3）控制措施：

1）制定并严格执行《停轧时间设备检查的规定》，发现问题及时处理；

2）规范对关键设备的点检、定修制度，消除事故隐患。

3.5　热连轧板带钢轧制工艺制度的确定

3.5.1　压下规程的制定

3.5.1.1　粗轧压下规程制定

粗轧机组主要任务是开坯压缩，将板坯轧成带坯，故质量要求不高，而相对于轧件厚

度和压下量来说,轧机的弹跳影响也较小,故其压下规程的设定计算便可以采用比较简单的方法进行。

压下规程计算的内容包括确定中间带坯厚度 H_{RC} 及粗轧各个道次的轧出厚度 H_{Rij}(i 为粗轧机机架号,j 为道次号)。

带钢热连轧由于有粗轧和精轧两个区,厚度分配的第一个任务是确定粗轧区出口厚度 H_{RC}。H_{RC} 的确定实际上是确定了粗轧和精轧间的负荷分配。H_{RC} 值大时粗轧负荷减轻,精轧负荷加重。H_{RC} 值小时则相反。

原则上说,只要精轧机组有足够的能力,H_{RC} 应取大一些。

带坯厚度加大有利于减少粗轧道次,缩短粗轧轧制时间,提高精轧开轧温度,但可能加大精轧机组负荷(对精轧轧制时间影响不大)。带坯厚度应首先根据成品厚度来定,一般说如需轧制较薄的成品,带坯厚度亦需相应减薄,但太薄的带坯又无法保证轧制薄规格成品所需的精轧开轧温度,即使保证了精轧开轧温度,由于轧制温度较低,精轧机的负荷也不会降低太多,甚至有可能增大。

带坯厚度需根据轧机的实际布置和粗精轧设备能力通过优化设计加以确定。

从减少温降保证精轧开轧温度出发,亦为了降低出炉温度节省能源,现代热连轧发展了以下技术:

(1)采用强力粗轧机及强力精轧机(特别是 $F_0 \sim F_3$)。以 1700mm 热连轧为例,允许轧制力从过去的 20000kN 提高到 30000kN,粗轧主传动功率从 5000kW 提高到 10000kW,精轧主传动由 3500kW 提高到 8000kW,因此可加大压下量以及加大送精轧的带坯厚度。

(2)粗轧机前后及粗精轧间采用保温罩。

(3)对产量不十分高的恒速精轧机组采用粗轧后设置热卷取箱以减少温降,特别是使带钢温度均匀化,减少头尾温降。

(4)薄板坯连铸连轧采用长隧道炉提高进入粗精轧的带坯温度。

表 3-7 列出了某 1700mm 轧机所采用的 H_{RC} 值。由于不同轧机其粗精轧轧机能力不同,表 3-7 仅能作为参考。

表 3-7　某 1700mm 热连轧 H_{RC} 的选用值

成品厚度/mm	< 3.89	3.9 ~ 5.29	5.2 ~ 6.99	7.0 ~ 9.49	9.5 ~ 12.7
H_{RC}/mm	32	34	36	38	38 ~ 40

H_{RC} 值确定后,厚度分配的任务为:根据粗轧原料厚度 H_S 及 H_{RC} 确定粗轧道次数及各道次压下量(各道次轧出厚度)。

粗轧机组厚度分配的第一个任务是确定道次数,对单机架可逆粗轧机来说可按下式计算其平均压下量 ΔH_m。

$$\Delta H_m = \frac{1}{R}\left(\frac{1.9 \times 971N}{n_m P_m}\right)^2$$

式中　n_m——各道次轧辊平均转速,rad/s;

　　　P_m——各道次平均轧制力,kN;

　　　N——电机功率,粗轧机允许过载 2.1 ~ 2.25 倍,此处取 1.9 以留有余地,kW;

　　　R——轧辊半径,mm。

道次数为

$$R_N = \frac{H_S - H_{RC}}{\Delta H_m}$$

式中 H_S——板坯厚度。

归整为奇数后即为道次数。对两台粗轧机的情况，则应归整为偶数。各道次压下量分配可参考表 3-8 所列的分配系数 β_j（总压下量的分配比例），对各道次负荷进行计算后再适当进行调整。

表 3-8   粗轧压下量分配系数 β_j

轧制道次 道次	3	5	7	轧制道次 道次	3	5	7
1	0.375	0.227	0.172	5		0.173	0.132
2	0.320	0.207	0.162	6			0.126
3	0.305	0.202	0.152	7			0.114
4		0.191	0.142				

3.5.1.2 精轧压下规程制定

连轧机组制定轧制规程的中心问题是合理分配各机架的压下量，确定各机架实际轧出厚度，亦即确定各机架的压下规程。制定连轧机组压下规程的方法很多，最常用的是利用现厂经验资料直接分配各机架压下率或厚度以及分配各机架能耗负荷两种方法，这些都是经验方法。国内外实用的负荷分配方法主要是分配系数法，例如我国武钢 1700 热连轧机是用能耗分配系数法；宝钢 2050 热连轧机和鞍钢 1700 热连轧机则有压下率、压力、功率三种分配系数法，常用的是压下率分配系数法；本钢 1700 热连轧机则应用由德国 AEG 公司提出的快速分析算法。这些方法都是按分配系数法求得压下量分配，用数学模型计算力能参数，以校核机电设备和工艺等限制条件，校核通过后算出辊缝、速度等控制系统设定值，并无在线优化轧制规程的功能。国内外在优化规程方面有大量研究，主要有目标函数的非线性规划法和动态规划法。但这些方法计算量太大，难以在线实时应用，只能对分配系数做一些改进。我国张进之等人利用轧制负荷函数的单调性，证明等负荷分配存在并唯一，形成综合等储备设定轧制规程的方法，将几维非线性最优化问题转化为几个一维最优化问题，实现了在线实时优化规程的计算，已成功应用于可逆式轧机，即将在连轧机上开发应用。常用的能耗法也只是通过能耗负荷分配来达到分配各机架压下量、确定各机架轧出厚度的目的。连轧机组分配各机架压下量的原则，一般也是充分利用高温的有利条件，把压下量尽量集中在前几机架。对于薄规格产品，在后几机架轧机上为了保证板型、厚度精度及表面质量，压下量逐渐减小。但对于厚规格产品，后几机架压下量也不宜过小，否则对板形不利。在具体分配压下量时，习惯上一般考虑：（1）第一机架可以留有适当余量，即是考虑到带坯厚度的可能波动和可能产生咬入困难等，而使压下量略小于设备允许的最大压下量；（2）第二、三机架要充分利用设备能力，给予尽可能大的压下量；（3）以后各机架逐渐减小压下量，到最末一机架一般在 10% ~15% 左右，以保证板形、厚度精度及性能质量。连轧机组各机架压下率一般分配范围如表 3-9 所示。

表 3-9　连轧机组各机架压下率分配范围

机架号数		1	2	3	4	5	6	7
压下率/%	六机架	40~50	35~45	30~40	25~35	15~25	10~15	
	七机架	40~50	35~45	30~40	25~40	25~35	20~28	10~15

　　现代连轧机组轧制规程设定最常用的还是"能耗法"或称"能量参数的组合确定法"，是从电机能量（功率）合理消耗观点出发，按经验能耗资料推算出各机架压下量。对于轧机强度日益增大、轧制速度日益提高的现代连轧机而言，由于电机功率往往成为提高生产能力的限制因素，采用这种方法是比较合理的。为了便于按能耗资料推算出各机架压下量，必须找出能量消耗，即功率消耗（或马达电流）与压下量（或轧件厚度）之间的定量关系。这就是单位能耗曲线。这种曲线靠单纯理论推导计算十分复杂而又很难符合实际，故主要都是靠工厂实测经验资料来建立。在生产条件下，根据实际测得的电压与电流值便可求出轧制时实际需要的功率，再经过加工整理，绘成所轧规格的能耗曲线。当轧机形式、原料与产品规格及轧制温度与压下制度一定时，轧制功率与轧机的小时产量有关，亦即与轧制速度有关。为便于比较和应用，通常采用单位小时产量的轧制功耗 a，即所谓单位能耗，单位为 MJ/kN，相当于单位时间轧制 1kN 钢材所消耗的功率或能量，即令轧机单位时间产量为 Q，功率消耗为 $N(MJ)$，则

$$a = \frac{N}{Q} = \frac{UI}{Q}$$

　　可见只要实测出电流（I）与电压（U）的数值，便不难求出 a 值。多年来各种轧钢机，尤其是带钢连轧机在轧制各种规格和钢种的钢材生产过程中已作了许多试验，积累了相当丰富的能耗实测资料。为了使试验数据具有通用性，从所测电机功率消耗中扣除了空转功率及电机铁损等非轧制功率，并将其画成曲线或整理成表格，以便于实际应用。我们常见到的能耗曲线形式如图 3-40 所示，其中图（a）常用于初轧机、型钢轧机；图（b）常用于钢板轧机。

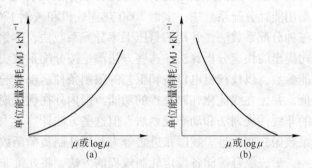

图 3-40　几种形式的能耗曲线

　　理论推导可以证明：单位能耗是延伸系数的对数函数。由于延伸系数 $\mu = H_0/h$，当坯厚 H_0 一定时，轧制厚度愈小，延伸愈大，所以习惯上用 h 表示横坐标，这样在使用上也比较方便。实际应用这些曲线时，应指出这种曲线对于每套轧机都不可能完全一样，即使情况基本相同的轧机，也会有 10% 或更多的差异；并且轧制规程特别是温度规程对能耗的影响很大。例如轧不锈钢时，带钢温度若比标准温度降低 55℃，就会使轧机能耗增大约 25%；降低 166℃，则几乎增加 100%。因此，为便于实际应用，每套轧机最好要积累自己的实验资料，作出自己的单位能耗曲线。

　　能耗曲线除可用来制订压下规程以外，还可用以选择轧钢机的电机容量。

$$N = aQ = 3600vbh\gamma a$$

式中 v, γ——轧制速度及钢的密度;

　　b, h——轧件的宽度和厚度。

已知总的单位能耗,便可求得总的电机功率,然后再根据需要分配到各机架轧机上去,得到各机架轧机的功率。

为了计算方便,有人还力图将能耗曲线数字化。例如,日本今井一郎提出

$$a_i = a_0(\mu_i^m - 1)$$

$$m = 0.031 + \frac{0.21}{h}$$

根据 $\mu_\Sigma = \dfrac{H}{h}$, $\mu_i = \dfrac{H}{h_i}$ 及 $a_i = \chi_i a_\Sigma$,可推导出

$$h_i = \frac{Hh}{[h^m + \chi_i(H^m - h^m)]^{1/m}}$$

式中 μ_i, a_i——i 架的累积延伸系数及累积能耗;

　　μ_Σ, a_Σ——总延伸系数及总能耗;

　　χ_i——i 架的累积能耗分配系数或负荷分配比,即

$$\chi_i = \sum_{j=1}^{i} a_i \bigg/ \sum_{j=1}^{n} a_j = a_i/a_\Sigma$$

所以

$$a_i = \chi_i a_\Sigma$$

根据能耗经验资料,给出各机架的 χ_i 值,即可算出各机架的厚度 h_i 值。

我们还可以将能耗曲线写成

$$\chi_i a_\Sigma = A\left[K_1\left(\ln\frac{h_0}{h_i}\right)^2 + K_2\left(\ln\frac{h_0}{h_i}\right) + K_3\right]$$

则得

$$h_i = h_0 \exp\left(\frac{K_2 - \sqrt{K_2^2 - 4K_1\left(K_3 - \dfrac{\chi_i a_\Sigma}{A}\right)}}{2K_1}\right)$$

式中 K_1, K_2, K_3——由现厂统计所得的系数;

　　　　A——取决于钢种和轧制温度的系数。

同样,只要根据能耗曲线资料,给出各机架的负荷分配比 χ_i,即可求出各机架的厚度 h_i 值。因此,厚度分配是否合理主要取决于 χ_i 的分配是否合理。

用能耗曲线资料进行负荷分配的方法,各厂并不完全一样。常用的负荷分配方法有以下几种。

(1) 等功耗分配法。这就是让每架轧机轧制时所消耗的功率相等。因此只要求出轧制该种产品时连轧机组的总单位能耗,然后除最后 1~2 机架。由于考虑板形精度而采用较小的能耗(即较小压下量)以外,将所剩的全部能耗平均分配到其余各机架轧机上去,便可求得其余各架的轧后厚度。这种方法在冷连轧机组上,当各机架电动机容量相等时,常用来作为确定压下规程的方法。对于热连轧机组,在前几机架电机容量相等时,也可用作初分配的方法。

(2) 等相对功率分配法。假如连轧机组各轧机的主电机容量并不相等,则能耗的分配就不能按等功耗原则,而必须按各机架轧机的相对电机容量来进行。设连轧机组的总电机功率为 $\sum_{i=1}^{n} N_i$,相应的单位总能耗为 a_Σ,则应分配到各机架轧机的能耗应为 $a_i =$

$$a_\Sigma N_i \Big/ \sum_{i=1}^{n} N_i \circ$$

这样，对于各机架轧机的电动机来说，实际就是等相对负荷分配的原则。而当各机架电机容量相等时，实际上就是等功耗的原则。

（3）按负荷分配系数或负荷分配比进行分配的方法。这也是根据生产实践的能耗经验资料总结归纳出来的比较实用和可靠的方法，生产中经常采用。这里负荷分配比是指累积负荷分配比，但有时也指单道次的负荷分配比。在电子计算机控制的现代化轧机上，按各类规格品种的产品制订有标准负荷分配比表，例如，表 3-10 为某厂轧制厚度 1.8 ~ 2.3mm、宽度 900 ~ 1200mm 的普碳带钢的标准负荷分配比，根据这些负荷分配比，即可求出各机架的轧后厚度和压下量。

表 3-10　标准负荷分配比表举例

各 机 架 号	1	2	3	4	5	6	7
累积 α_i/%	14	28	46	64	78	90	100
单道 α_i'/%	14	14	18	18	14	12	10

3.5.2　温度制度的确定

3.5.2.1　确定精轧开轧温度

带坯经粗轧末架轧机后测得出口温度，再根据带坯厚度和由粗轧末架到精轧机所需时间，利用空冷间辐射传热的理论模型计算出带坯头部到达精轧机入口时的温度预测值。等到带坯运送到飞剪前面，再测温进行矫正，也可用温度计算公式：

$$t_{F入} = 100\left[\left(\frac{t_{R出} + 273}{100}\right)^{-3} + \frac{6\varepsilon\sigma\tau}{100c_p\gamma h}\right]^{-1/3} - 273$$

式中　ε——轧件的热辐射系数（或称黑度），$\varepsilon < 1$，当表面氧化铁皮较多时取 0.8，刚轧出的平滑表面取 0.55 ~ 0.65，具体值需要根据实验来确定；

　　　σ——斯蒂芬-波茨曼系数，$\sigma = 5.69 W/(m^2 \cdot K^4)$；

　　　τ——总冷却时间；

　　　c_p——质量定压容，$J/(kg \cdot K)$；

　　　γ——密度，kg/m^3；

　　　$t_{F入}$——精轧机入口温度；

　　　$t_{R出}$——粗轧机出口温度；

　　　h——板坯厚度。

终轧温度按技术要求确定。

3.5.2.2　各道次轧制温度确定

不考虑冷却水影响，各道次轧制温度（t_i）可按经验公式近似计算：

$$t_i = t_{F入} - C\left(\frac{h_0}{h_i} - 1\right)$$

$$C = (t_0 - t_n)h_n/(h_0 - h_n)$$

式中　t_0, h_0——轧件精轧开轧温度、厚度；

t_n，h_n——轧件终轧温度、厚度。

3.5.3 速度制度的确定

在压下规程制定后，根据轧机小时产量和终轧温度先确定末机架的轧制速度，可由秒流量相等原则，按下式计算各机架轧制速度。

考虑前滑时：

$$v'_i = \frac{h}{h_i} \times \frac{1 + S_h}{1 + S_{hi}} v'$$

式中　v'_i——第 i 机架轧辊的线速度；

　　　h_i——第 i 机架轧件的出口厚度；

　　　v'——成品机架轧辊的线速度；

　　　h——成品机架轧件的出口厚度；

　　　S_h——最后一机架轧机上的前滑值；

　　　S_{hi}——各机架轧机上的前滑值。

复习思考题

3-1　试述热连轧带钢生产的工艺流程。

3-2　如何根据粗轧机的布置来划分热连轧带钢的形式？

3-3　进行板坯宽度控制时，有哪些设备？

3-4　为什么要采取保温措施，具体有哪些装置？

3-5　为什么要进行除鳞？

3-6　常见的精轧机组的布置形式有哪些？

3-7　切头飞剪的作用有哪些？

3-8　精轧机列的传动装置有哪些设备？

3-9　压下装置的类型有哪些？

3-10　润滑轧制有什么好处？

3-11　简述辊道的作用和布置形式。

3-12　热连轧带钢采用哪种冷却方式？

3-13　试述卷取机的组成及各部分作用。

3-14　卷取机各部分在卷取前和卷取后速度如何控制？

3-15　热连轧带钢的压下规程怎么设计？

3-16　生产前，如何进行轧机调整？

3-17　叙述换工作辊的步骤。

3-18　叙述换支撑辊的步骤。

3-19　叙述换立辊的步骤。

3-20　影响卷形质量的因素有哪些？

3-21　如何改善常见卷形缺陷？

3-22　卷取机常见的操作调整有哪些？

薄板带坯连铸-连轧生产

+·+

【知识目标】

1. 了解薄板坯连铸-连轧的发展过程;

2. 了解薄板坯连铸-连轧生产线设备的配置;

3. 掌握 CSP、ISP、FTSR、CONROLL 工艺;

4. 了解国内薄板坯连铸-连轧生产线情况。

【能力目标】

1. 能阐述连铸-连轧生产工艺特点;

2. 能阐述 CSP、ISP、FTSR、CONROLL 工艺;

3. 能阐述国内典型薄板坯连铸-连轧生产线的工艺及设备情况。

+·+

4.1 薄板坯连铸-连轧的发展

自 1989 年联邦德国西马克公司在美国纽柯厂建成第一条薄板坯连铸-连轧的热轧板生产线以来，西马克公司已建成投产 22 条 32 流薄板坯连铸-连轧生产线，截至 2005 年底，全世界已有 50 多条薄（中厚）板坯连铸-连轧生产线投产或在建。与传统的生产工艺相比，直接将连铸和轧制工艺紧密结合可显著提高企业经济效益。从原料至最终产品，吨钢投资能够下降 19% ~ 34%，吨材成本能够降低 600 ~ 800 元人民币，生产周期为原来的十分之一甚至几十分之一，厂房面积、金属消耗、热能消耗和电耗分别是常规流程的 24%、66.7%、40% 和 80%。

根据薄板坯连铸-连轧技术的成熟性和市场的应用使用情况，薄板坯连铸-连轧技术的发展分为四个阶段。

4.1.1 技术开发期（1985 ~ 1988）

1985 年联邦德国施罗曼西马克公司（SMS）设计了一台新型的薄板坯连铸机，该连铸机的特点是采用了漏斗形结晶器，并于 1986 年以 6m/min 的拉速成功地生产出了 50mm × 1600mm 的薄板坯，该技术与其后的连轧机衔接组成铸轧紧密生产线被称为 CSP（Compact Strip Production）技术。

1987 年联邦德国曼内斯曼德马克公司（MDH）也成功开发了具有超薄型扁形水口和平板直弧形结晶器的薄板坯连铸机，并以 4.5mm/min 的拉速生产出了 60mm × 900mm 和 70mm × 1200mm 的薄板坯，该技术与连轧机组成的生产线被称为 ISP（Inline Strip Production) 技术。

1988 年奥钢联（VAI）在对瑞典阿维斯塔（Avesta）的传统连铸机进行改造时使用了薄平板式结晶器及薄形浸入式水口生产出厚度为 70mm 的不锈钢薄板坯，该技术被称为 CONROLL 技术。

同期，其他国家，如意大利的达涅利、日本住友等公司也进行了相关技术开发。

4.1.2　技术推广期（1989~1993）

1989 年 6 月，SMS 首次将紧凑式热轧带钢（CSP）生产线在美国的纽柯厂建成并形成了年产 80 万吨的生产规模，这条生产线是世界上第一条薄板坯连铸-连轧主生产线，该生产线的投产是薄板坯连铸-连轧技术的里程碑。

1992 年，MDH 公司在意大利的阿维迪建成了一条 ISP 生产线，并于 1993 年 9 月实现年产 50 万吨的设计要求，这是薄板坯连铸-连轧技术进一步推广的标志。

同期，意大利达涅利开发的 FTSR 技术、日本住友金属的 QSP 技术、奥地利奥钢联（VAI）的 CONROLL 技术也进入了半工业试验阶段。

4.1.3　技术成熟期（1994~1999）

在短短 5 年的时间里，世界上先后建设了 31 条薄（中厚）板坯连铸-连轧生产线。在此期间，技术提升最快的几家公司分别是 SMS、MDH、Danieli。其中，SMS 公司加大了铸坯的厚度并减小了漏斗形结晶器连续变截面的变化程度，在二冷段采用了液芯压下技术，目的是在维持原有薄板坯厚度的前提下，进一步改善铸坯的内部及表面质量。为稳定结晶器液面、提高浇注速度，SMS 优化了浸入式水口形状并采用了结晶器液压振动。为了提高成品带材的表面质量，开发了压力达 40MPa 的高压水除鳞装置并缩小了喷嘴与板坯的距离。

4.1.4　技术完善期（2000 年至今）

经过成熟期对关键技术的不断改进，薄（中厚）板坯连铸-连轧生产线的工艺、设备、自控系统日臻完善，其短流程优势得到了充分的发挥，可以说进入了一个完善阶段。2000 年至今，世界上新建了一大批薄板坯连铸-连轧生产线，仅我国就建成了 7 条，还有 6 条正在筹建中。今后的热点问题主要集中在生产流程的改进、薄及超薄规格产品轧制、连铸-连轧钢种范围的进一步扩大等方面。

4.2　薄板坯连铸-连轧生产线的设备配置

薄板坯连铸-连轧工艺与传统的热轧带钢相比，在技术和经济等方面具有非常大的优越性。其特点是：

（1）工艺流程紧凑，设备减少，生产线短。薄板坯厚度较薄，可以省去传统热轧带材粗轧，设备投资仅为常规流程的 58%，从而降低了单位基建造价，吨钢投资下降 19%~34%。

（2）生产周期明显缩短。传统热连轧带钢生产需要 5h 左右，连铸-连轧省去了大量的中间倒运及停滞时间，从钢水冶炼到热轧成品输出，仅需 0.5~1.5h，而传统热轧带钢生产需要 5h 左右，从而减少了流动资金的占用。

（3）节约能源，提高成材率。由于取消了坯料轧前的二次加热，吨钢能耗下降 50%，成材率提高约 2%~3%，降低了生产成本，其成本只相当于传统热轧带钢的 70% 左右。

（4）产品的尺寸精度高，性能稳定、均匀。

（5）适合生产薄及超薄规格的热轧板卷，产品的附加值高，从而实现了高的经济效益。

在典型的薄板坯连铸-连轧生产线上，工艺流程的主要环节如下：

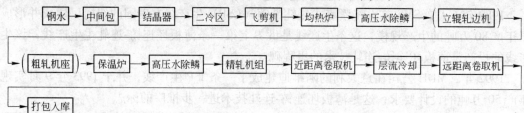

根据不同的薄板坯连铸-连轧工艺技术思路，连铸-连轧生产线的设备配置也有所不同。西马克公司和达涅利公司基本上是从近终形连铸的观点出发，选择较小连铸坯厚度，并考虑轧机数量和液芯压下工艺间的协调条件，而奥钢联则主张选用中等厚度坯料供给连轧机。但是近年来，这两种观点逐渐相互靠拢，确保连铸-连轧这一生产方式具有更加显著的节能、低投入、低成本和高质量效果。

铸轧设备配置主要有以下几种：

（1）只有精轧机的薄板坯连铸-连轧生产线。在这种轧制线上，多数由 4~6 架工作机座构成热带钢连轧机组，这种生产线可以称为薄板坯连铸-连轧生产线的基本形式。其布置简图如图 4-1 所示。

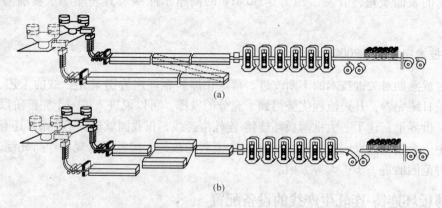

图 4-1　单机组双流连铸薄板坯连铸-连轧生产线配置
（a）摆动连续式加热炉；（b）平移连续式加热炉

这种配置的生产线铸坯厚度约为 50~70mm，设计年产量大多为 150 万吨。产品最小厚度 1.0mm。

（2）单流连铸机与粗、精轧机组的薄板坯连铸-连轧生产线配置，如图 4-2 所示。

这种生产线连铸坯厚度大多为 70~90mm，设计年产量多为 150 万吨，产品最小厚度为 0.8~1.2mm。

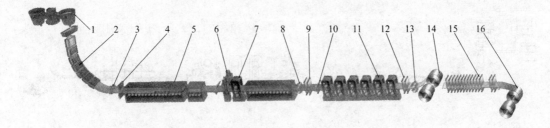

图 4-2　单流连铸机配置的薄板坯连铸-连轧机组

1—钢水包；2—弧形连铸机；3—旋转除鳞机；4—摆式飞剪机；5—辊底式炉；6—立辊轧机；
7—粗轧机；8—切头尾飞剪；9—强制冷却装置；10—精轧除鳞装置；11—精轧机；
12—强制水冷段；13—滚筒式飞剪；14—卷取机；15—层流冷却；16—地下卷取机

（3）双流连铸机与粗、精轧机组的薄板坯连铸-连轧生产线配置，如图 4-3 所示。这种配置受到了大多数用户的欢迎，已经成为薄板坯连铸-连轧生产线的主流配置。

图 4-3　双流连铸机与粗精轧机组配置的生产线

（4）步进梁加热炉配置的薄板坯连铸、连轧生产线，如图 4-4 所示。

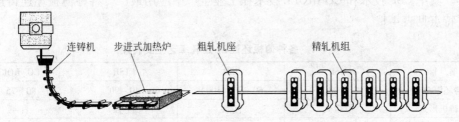

图 4-4　步进梁式加热炉配置的生产线

　　这种配置的主要优点就是利用加热炉大的钢坯存储量，来增大连铸与连轧之间的缓冲时间。缓冲时间的大小取决于步进炉内钢坯的存放量，一般设计上可以考虑缓冲时间取 1.5~2.0h 为宜。

　　（5）单流单机座炉卷轧机（TSP）。这是一种将中厚板坯连铸机与一台或者两台斯特克尔轧机组合在一起构成的薄板坯带钢生产线，配置关系如图 4-5 所示，该连铸-连轧工艺简称 TSP。

　　它适合多品种、低投资目的而设置的配置方式。采用单机座炉卷轧机，铸坯厚度为 50~70mm，最小产品厚度 1.5mm，设计年产量为 50 万吨。TSP 工艺的原料厚度达到

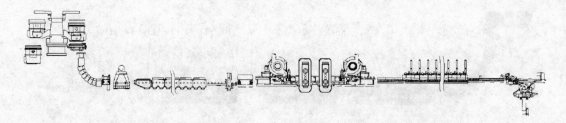

图 4-5　1 流连铸机与 2 台炉卷轧机组合配置的薄板坯生产线

$100 \sim 150mm$，成品厚度减薄到 $1.2mm$，设计年产量达到了 200 万吨。

（6）无头连铸-连轧（ECR）工艺生产线的理想配置，如图 4-6 所示。

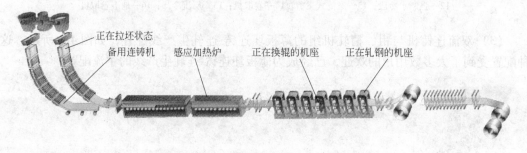

图 4-6　理想的 ECR 生产线配置

4.3　典型薄板坯连铸-连轧工艺

目前典型薄板坯连铸-连轧技术有德国 SMS – Demag 公司的 CSP 技术和 ISP 技术、意大利 Danieli 公司的 FTSR 技术、奥钢联 VAI 的 CONROLL 技术以及美国 Tippings 公司的 TSP 技术等。其中 CSP 技术和 CONROLL 技术在工业生产中应用最广。各种薄板坯连铸连轧工艺主要特点见表 4-1。

表 4-1　各种薄板坯连铸-连轧工艺主要特点

项　目	CSP	ISP	FTSR	CONROLL
连铸坯厚/mm	$50 \sim 70$	$60 \sim 90$（100）	$40 \sim 90$	$70 \sim 80$，$75 \sim 125$
连铸机形式	立弯式	直-弧	直-弧	直-弧
结晶器	漏斗结晶器上口 170mm，长 1100mm，漏斗 700mm	平板直结晶器，全弧-直弧小漏斗	H^2 结晶器上口 180mm，长 1200mm，全长漏斗	平板直结晶器长约 900mm
连铸冷却方式	水冷气-水	气-水	气-水	水-气
连铸机弧形半径/m	顶弯半径 $3.0 \sim 3.25$	$5 \sim 6$	5	5
连铸机冶金长度/m	$6.0 \sim 9.7$	$11.0 \sim 15.1$	15.0	14.6
液芯压下	未采用-采用	最早采用液芯压下	采用动态软压下	无
拉坯速度 /mm·min^{-1}	$4 \sim 6$（最大 6）	$3.5 \sim 5.0$（最大 $5.5 \sim 6.0$）	$3.5 \sim 5.0$（最大 $5.5 \sim 6.0$）	$3.0 \sim 3.5$
加热炉形式	隧道式加热炉	感应加热 + 卷取箱或隧道式加热炉	隧道式加热炉 + 保温辊道	步进梁式加热炉
轧机组成	6(5)-7 机架 1R +5(6)F	2R + 5F	1R + 6F	6

4.3.1 CSP 工艺

CSP 薄板坯连铸-连轧技术是由 SMS 公司推出的，SMS 是世界上第一家将薄板坯连铸-连轧生产方式变为现实的公司。CSP 工艺具有流程短、生产简便且稳定、产品质量好、成本低、市场竞争力强等突出特点。

典型 CSP 工艺流程如图 4-7 所示。

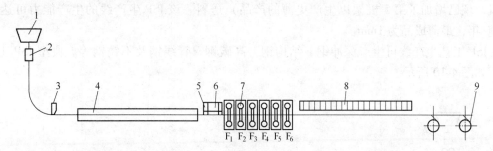

图 4-7 典型 CSP 工艺流程

1—中间包；2—结晶器；3—切断剪；4—辊底式隧道加热炉；5—事故剪；6—高压
水除鳞机；7—精轧机；8—输出辊道和层流冷却装置；9—常规地下卷取机

CSP 工艺采用的关键技术：

（1）漏斗形结晶器（见图 4-8）。

（2）扇形段的改进和液芯压下技术的应用。

（3）液压振动装置的应用。

（4）电磁线圈的应用（见图 4-9）。

（5）在连轧区域采用新的高压水除鳞装置、精轧机前加立辊轧机和板坯平整度控制技术等。

CSP 技术的主要特点是采用立弯式铸机、漏斗形结晶器，初始铸坯很薄，一般为 40 ~ 50mm，未采用液芯压下，连铸机后部设辊底式隧道炉作为铸坯的加热、均热及缓冲装置，采用 5 ~ 6 架精轧机，成品带钢最薄为 1 ~ 2mm。

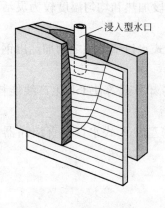

图 4-8 CSP 漏斗形结晶器

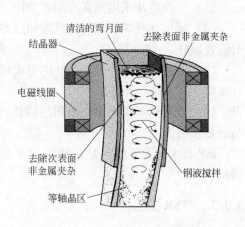

图 4-9 电磁搅拌装置示意图

4.3.2 ISP 工艺

最初的 ISP 工艺是 1992 年在意大利 Arvedi 厂建成投产的，铸坯厚度为 60mm，经液芯压下减薄到 45mm，在铸机后设有 3 架在线预轧机架，在不切断铸坯的情况下将其轧成厚15～25 mm 的中间坯，切定尺后的铸坯，通过安装在辊道上的感应加热炉加热后进入称为Cremona 炉的用煤气加热保温的卷取箱，两卷位的中间坯卷交替向精轧机（最初是 4 架精轧机，现已增加了第 5 机架以生产更薄的产品）送料。该 ISP 生产线的生产能力可达 80万吨/年，最薄成品为 1mm。

ISP 工艺生产线可生产深冲钢、结构钢、高碳钢、管线钢及不锈钢等。典型 ISP 工艺流程如图 4-10 所示。

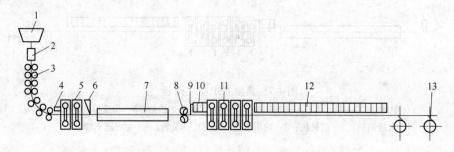

图 4-10 典型 ISP 工艺流程

1—中间包；2—结晶器；3—扇形段；4，10—高压水除鳞机；5—2～3 架预压下轧机；
6—切断剪；7—克雷莫纳感应加热炉；8—热卷箱；9—切头剪；11—4～5 架
精轧机；12—输出辊道和层流冷却；13—常规地下卷取机

ISP 生产线的特点为：

（1）生产线结构紧凑，不便用长的均热炉，均热炉总长仅 180m。钢水变成热轧带卷仅需 20～30min。

（2）采用液芯压下和固相铸轧技术，可生产厚 15～25mm、宽 650～1330mm 的薄板坯，如不进精轧机，可作为中板直接外售。

（3）二次冷却采用气雾冷却或空冷，有助于生产较薄断面且表面质量高的产品。

（4）感应加热炉长 18m。感应加热方式使铸坯在此区段加热和均匀温度较为灵活，且升温效果好。

（5）将结晶器改为带小鼓肚的橄榄状，使薄片型浸入式水口壁厚随之增加。出钢孔改在底部，其寿命显著提高。

（6）流程热量损失小，采用的铸轧技术和二冷气雾冷却方式等使 ISP 生产线能耗少，节能效果明显。

ISP 技术的主要特点是采用矩形平板结晶器及扁平薄型浸入式水口、直结晶器弧形铸机。

4.3.3 FTSR 工艺

达涅利公司推出的灵活式薄板坯连铸机，英文缩写为 FTSR。FTSR 技术的主要特点是高可靠性和高灵活性。连铸机的核心技术是连铸机的结晶器，这种结晶器简称为双高式结晶器，即为 H^2，如图 4-11 所示。

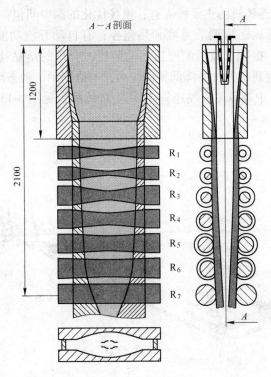

图 4-11 达涅利 H^2 结晶器

FTSR 工艺生产线可生产低碳钢、超低碳钢、包晶钢、中碳钢、高碳钢、合金钢、高强度低合金钢、硅钢及不锈钢。

典型 FTSR 工艺流程如图 4-12 所示。

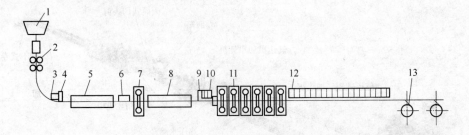

图 4-12 典型 FTSR 工艺流程

1—中间包；2—结晶器；3—高压水除鳞机；4—切断剪；5—辊底式隧道加热炉；6—粗轧高压水除鳞机；

7—带立辊粗轧机；8—加热炉；9—切头剪；10—精轧高压水除鳞机；11—5～6 架精轧机；

12—输出辊道和层流冷却装置；13—常规地下卷取机

4.3.4 CONROLL 工艺

CONROLL 工艺是由奥钢联工程技术公司开发的。CONROLL 工艺用于生产不同钢种的高质量热轧带卷，生产率高，产品价格便宜。奥钢联于 1988 年在瑞典的 Avesta 公司建成投产第一台 CONROLL 工艺连铸机，第二台于 1995 年在美国的 Armco Mansfield 钢厂建成投产。

CONROLL 薄板坯连铸机的主要特点有：流场优化的深中间包；快速更换浸入式水口；平行板式直结晶器，可远距离调节宽度和热监控；有自动开浇功能的结晶器液面控制系统；可在线调节振幅、振频、波形的液压振动装置；合理的结晶器保护渣；I-STAR 中间支承分节辊；优化的辊列布置，可降低界面应力；电磁制动；动态冷却控制系统。

典型的 CONROLL 中等厚度板坯连铸-连轧生产线配置见图 4-13，CONROLL 薄板坯连铸-连轧生产线配置见图 4-14。

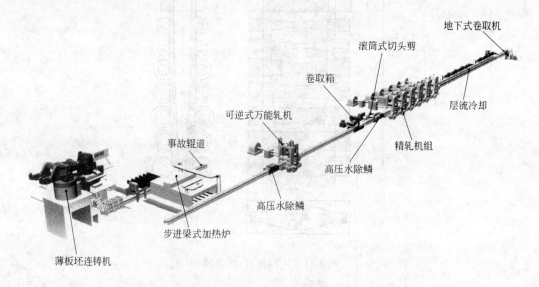

图 4-13　CONROLL 技术中等厚度板坯连铸-连轧生产线配置
（主要技术参数：铸坯厚度：100～150mm；典型宽度范围：900～1600mm；
铸机圆弧半径：5m；热带最小厚度：1.0mm；最大产量：3.0Mt/a）

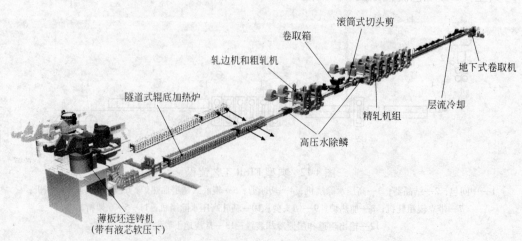

图 4-14　CONROLL 技术薄板坯连铸-连轧生产线配置
（主要技术参数：铸坯厚度：90mm；液芯软压下：可达 20mm；典型宽度范围：900～1600mm；
铸机圆弧半径：5m；热带最小厚度：1.0mm；最大产量：3.0Mt/a）

4.4 国内薄板坯连铸-连轧生产线介绍

自 1999 年 8 月我国第一套薄板坯连铸-连轧生产线在广州珠江钢厂投产以来，目前已有邯钢、包钢、珠钢、唐钢、马钢、涟钢、本钢、鞍钢、通钢、济钢、酒钢、唐山国丰 12 家钢铁企业的 13 条薄板坯（中厚板坯）连铸连轧生产线相继投产，年产能约 3500 万吨，占我国已有和在建热轧宽带钢生产能力的 30% 以上。

4.4.1 鞍钢 1700 中薄板坯连铸-连轧（ASP）生产线

鞍钢 1700 中薄板坯连铸-连轧生产线（简称 ASP），是我国第一条板坯厚度为 135mm 的连铸-连轧短流程生产线，年产能力 200 万吨，是第一条由国内自行负责工艺设计、设备设计、制造及研制和自主集成自动化系统的唯一一条具有我国自主知识产权的连铸-连轧短流程生产线。其工艺平面布置图见图 4-15。

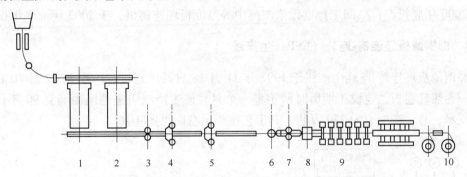

图 4-15 鞍钢 1700 中薄板坯连铸-连轧工艺平面布置图
1—2 号加热炉；2—1 号加热炉；3，8—高压水除鳞箱；4—R_1 粗轧机；
5—R_2 粗轧机；6—热卷箱；7—飞剪；9—精轧机组；10—卷取机

ASP 的工艺过程如下：

（1）冶炼后的钢水经精炼处理后由中等厚度板坯连铸机进行板坯连铸，铸机结晶器直立段长 1200mm，弯曲半径 5m，冶金长度 23.8m，最大拉速 3.5m/min，铸坯厚度 100~150mm（标准坯坯厚 135mm），坯宽 900~1550mm，坯长 7000~15600mm，汽水冷却，每流铸机年产能力 80~144 万吨。

（2）铸好的连铸坯直接进入步进梁式加热炉加热，该加热炉也是由国内设计制造的。炉子热装能力为每座 260t/h，冷装能力为 180t/h，该步进梁式加热炉装备了长行程装料机，在加热炉外留有 7 块钢坯的位置，在连铸机节奏与轧制线节奏不适应时，能够保证 30min 的缓冲时间。

（3）经加热保温后的钢坯出炉后，经过高压水除鳞，进行粗轧，第一架粗轧机（R_1）为可逆式，机架前设有立辊（3000kN 轧制力，驱动马达 882kW），R_1 工作辊轧制力为 25000kN，传动马达 5000kW×2（交流），R_1 轧机也是改建后新加设备。第二架粗轧机（R_2）的轧制压力为 20000kN，传动马达 5515kV/（直流），机前其立辊轧制力为 1600kN，传动马达 400kW×2。粗轧轧制道次安排为：R_1 机架轧 3 道，R_2 机架轧 1 道（根据需要也可以 R_1 和 R_2 机架各轧 3 道）。

（4）经过粗轧机架轧成的 20～40mm 厚中间坯再次除鳞后送入热卷箱，ASP 产品大纲中的薄规格带钢（1.5～3.0mm）比例在 50% 以上，为了保证终轧温度，ASP 生产线设立了热卷箱，热卷箱的采用不但可以提高精轧入口温度，减少中间坯温度差，还可以保证 850℃ 以上的终轧温度要求。

（5）出热卷箱的中间坯经飞剪切头和精轧机前高压水除鳞后，进行精轧，精轧机架轧制力 25000kN，传动马达 3500kW×6（直流），最大速度 10.2m/s，最大弯辊力 1200kN，最大轴向窜动 ±150mm，轧后的带钢经层流冷却装置进行冷却，最后经卷取机（2 台）卷成带卷。带钢产品厚度范围为 1.5～8.0mm，宽度范围为 900～1550mm，最大卷重为 2t。

ASP 轧机的现代化改造由国内设计制造，改造后的精轧机装备有液压 AGC、轧辊弯辊、工作辊窜动、快速换辊等先进技术以保证带钢的厚度、凸度及平直度公差均符合标准及用户要求。轧机计算机控制系统及其软件均由鞍钢负责设计和调试。中等厚度板坯连铸机由奥钢联引进，国内外合作制造，切头飞剪由德国西马克·德马格公司引进。生产线一期于 2000 年底投产，二期工程增设第二流中等厚度板坯连铸机，于 2003 年上半年投产。

4.4.2　邯钢薄板坯连铸-连轧（CSP）生产线

邯钢薄板坯连铸-连轧生产线于 1997 年 11 月 18 日开工建设，1999 年 12 月 10 日生产出第一卷热轧卷板，建设工期历时两年零一个月。该生产线引进德国西马克 90 年代世界先进技术，总生产能力为 250 万吨。其工艺流程示意图见图 4-16。

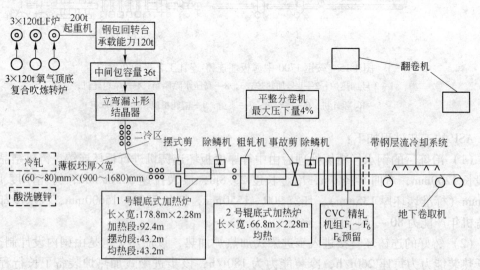

图 4-16　邯钢 CSP 工艺流程示意图

（1）主要工艺特点。邯钢薄板坯连铸-连轧生产线主要包括薄板坯连铸机、1 号辊底式加热炉、粗轧机（R_1）、2 号辊底式加热炉、精轧机组（F_1～F_5）、带钢层流冷却系统和卷取机。产品规格为 1.2～20mm 厚、900～1680mm 宽的热轧带钢钢卷。钢卷内径为 762mm，外径为 1100～2025mm，最大卷重为 33.6t，最大单重为 20kg/mm。工艺流程为：100t 氧气顶底复吹转炉钢水→LF 钢水预处理→钢包→中间包→结晶器→二冷段→弯曲/拉矫→剪切→1 号加热炉→除鳞→粗轧（R_1）→2 号加热炉→除鳞→精轧[F_1～F_5（F_6）]→冷却

→卷取→出卷→取样→打捆→喷号→入库。

（2）主要技术参数。

1）薄板坯连铸机。该连铸机为立弯式结构。中间包容量36t，结晶器出口厚度70mm，结晶器长度1100mm，铸坯厚度60～80mm，铸坯宽度900～1680mm，坯流导向长度9325～9705mm，铸速（坯厚70mm）低碳保证值最大4.8m/min，高碳保证值最大4.5m/min、最小2.8m/min，弯曲半径3250mm。

2）加热炉。该生产线包括两座辊底式加热炉，位于粗轧机前后。1号加热炉炉长178.8m，由加热段、输送段、摆动段、保温段组成，炉子同时具有加热、均热、储存（缓冲）的功能，可容纳4块38m长的板坯，单机生产的缓冲时间20～30min，最高炉温1200℃，铸坯入炉温度870～1030℃，出炉温度1100～1150℃。2号加热炉炉长66.8m，由一段构成，主要起均热、保温作用，最高炉温1150℃，铸坯最高入炉温度1120℃，最高出炉温度1130℃。加热炉燃料为混合煤气，烧嘴形式为热风烧嘴。

3）粗轧机。粗轧机为单机架四辊不可逆式轧机，其作用是将铸坯一道轧成所需坯厚。最大轧制力42000kN，工作辊尺寸880/790mm×1900mm，支撑辊尺寸1500/1350mm×1900mm，主电机功率8300kW，轧出坯厚33.0～52.5mm。

4）精轧机组。精轧机组有5架四辊不可逆式轧机（$F_1 \sim F_5$），剪机为液压曲柄连杆式，除鳞为高压水除鳞，最大轧制力为4200kN，主电机功率均为8300kW，机架间距5500mm，F_5最大出口速度12.6m/s，板带厚1.2～20mm，板带宽900～1680mm，终轧温度900～950℃。

5）冷却区。冷却方式为层流冷却，在一定时间内将带钢由终轧温度900～950℃冷却到550～650℃。冷却区长度为43200mm，另有一个4800mm的空冷段。最大水量约为5240m³/h，水压为0.07MPa（喷淋区水压为1MPa）。

4.4.3 唐钢薄板坯连铸-连轧（FTSR）生产线

唐钢的薄板坯连铸-连轧（FTSR）生产线工艺布置简图见图4-17。工程分二期建设，一期工程年产150万吨热轧钢卷，带钢厚度0.8～4mm，宽度850～1680mm，最大卷重30t；二期工程完工后，年产250万吨热轧钢卷，带钢厚度0.8～12.7mm。产品钢种为碳素结构钢、优质碳素结构钢和低合金结构钢。

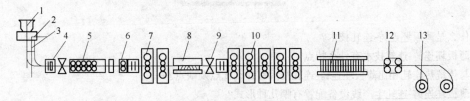

图4-17 唐钢薄板坯连铸-连轧生产线工艺布置简图

1—钢包；2—中间包；3—直弧形连铸机；4—除鳞箱；5—辊底式加热炉；

6—立辊轧机；7—粗轧机；8—中间温度控制系统；9—飞剪；10—精轧机；

11—层流冷却装置；12—高速飞剪；13—地下卷取机

该生产线采用意大利达涅利的FTSR技术，是国内第一条采用此项技术的薄板坯连铸-连轧生产线，也是继加拿大的阿尔戈马钢铁公司，美国的北极星厂之后，购买此项技术的

第三条生产线。该工艺采用凸透镜型结晶器，带辊型的液芯压下，辊底式隧道炉，2 架粗轧机，5 架 PC 精轧机，配备了先进的自动化检测仪表，实现计算机系统的顺序控制、逻辑控制、过程优化控制、生产质量控制等多层次全方位高智能化的自动控制。可实现 3 点除鳞、半无头轧制、铁素体轧制。

（1）连铸工艺概况。钢水经 150t 精炼炉、150t 脱气炉处理后，运往钢包回转台，注入工作容量 38t、溢流容量 42t 的中间包，进入结晶器，铸成厚度 90mm 的连铸坯。经铸坯的弯曲、矫直及薄板坯液芯轻压下系统，使连铸坯厚度减薄到 70mm。再经除鳞，进入辊底式加热炉。

（2）主要设备组成及技术参数。

1）立辊轧机：轧辊尺寸为（640 ~ 580）mm × 380mm，调宽范围为 800 ~ 1770mm，最大轧制力 100t。

2）高压水除鳞：最大水压 38MPa。

3）2 架粗轧机：R_1 工作辊尺寸为（1050 ~ 980）mm × 1810mm，R_2 工作辊尺寸为（825 ~ 735）mm × 1810mm；支撑辊尺寸为（1450 ~ 1300）mm × 1790mm；最大轧制力：4000t；机架主柱断面积：6000cm^2；液压辊缝调节系统；主传动电机功率 6600kW。

4）中间控制装置：主要安装适应中间冷却喷头、热保温罩和调侧导板。根据产品的种类，控制轧件进入精轧机的温度，实现中间轧件组织状态的转变，完成铁素体轧制，达到控制轧制的目的。

5）事故剪：剪切力 800t。

6）精轧机：5 架四辊 PC 轧机；工作辊 F_1 ~ F_3 尺寸为（825 ~ 735）mm × 1810mm，F_4 ~ F_5 尺寸为（680 ~ 580）mm × 1810mm；支撑辊尺寸为（1450 ~ 1300）mm × 1790mm；最大轧制力 4000t；轧机最大交叉角度 1.5°；主电机功率 10000kW。机架柱面积 7400cm^2。

7）层流冷却：冷却区分为 6 段，长度约 27m，冷却钢带厚度 0.8 ~ 12.7mm。

8）高速飞剪：用于将钢带剪成设定长度，进行分卷，与半无头轧制配套。

9）卷取机：卷重 30t，最大卷取速度 18m/s。

复习思考题

4-1　什么是薄板坯连铸-连轧技术？

4-2　薄板坯连铸-连轧技术有什么特点？

4-3　与传统热连轧相比薄板坯连铸-连轧技术有什么优点及缺点？

4-4　薄板坯连铸-连轧生产线设备配置有哪几种形式？

4-5　什么是 CSP？

4-6　什么是 ISP？

4-7　什么是 FTSR？

4-8　什么是 CONROLL？

5 冷轧板带钢生产

【知识目标】

1. 了解冷轧板带钢生产的发展；
2. 了解冷轧板带钢的工艺特点；
3. 掌握冷轧板带钢的工艺流程；
4. 掌握冷轧板带钢的工艺制度；
5. 掌握涂镀层钢板生产工艺；
6. 掌握冷轧板带生产设备的组成、布置与结构；
7. 掌握制定压下规程的方法和步骤。

【能力目标】

1. 具有确认轧辊结构及选择的能力；
2. 具有对冷轧板带钢轧机进行轧制操作及调整的能力；
3. 具有对冷轧板带钢产品缺陷进行分析与控制的能力；
4. 具有对冷轧板带钢轧机进行轧制工艺制度设计的能力；
5. 能处理典型生产事故。

5.1 冷轧板带钢生产工艺

5.1.1 冷轧板带钢生产的工艺特点

冷轧板带钢是冷轧钢板和冷轧钢带的总称，其中成张交货的称为钢板，也称盒板或平板；长度很长、成卷交货的称为钢带，也称卷板。

与热轧相比，冷轧板带钢在轧制工艺上有以下特点。

5.1.1.1 加工硬化

由于冷轧是在金属的再结晶温度以下进行的，故在冷轧过程中金属的强度和硬度提高而塑性降低，这种现象称为加工硬化。加工硬化带来的后果是：变形抗力增大，使轧制压力增大；塑性降低，易发生脆裂。加工硬化超过一定程度后，轧件将因过分硬脆而不适于继续冷轧。因此钢板经冷轧一定道次后，往往要经软化处理（再结晶退火、固溶处理等），使轧件恢复塑性，降低变形抗力，以便继续轧薄。

生产上，把每次软化热处理之前完成的冷轧工作，称为一个"轧程"。当钢种一定时，加工硬化程度与变形程度有关，变形量增大，加工硬化程度也增大。在一定轧制条件下，钢质越硬，成品越薄，所需的轧程越多。

例如，用 5.0mm 厚的卷板生产 0.3mm 厚的带钢，一般需要两个轧程。先由 5.0mm 厚度的卷板轧成规格为 1.0mm 厚的带钢，其变形率为 80%。后经软化退火，再由 1.0 mm 厚的板卷，生产出 0.3mm 厚的带钢，其变形率为 70%。

由于加工硬化，成品冷轧板带钢在出厂前也要进行热处理（特殊要求除外）。通常是再结晶退火处理，使金属软化，以提高冷轧产品的综合性能。

5.1.1.2　工艺润滑

为使冷轧板带钢的轧制过程能够顺利进行，同时保证冷轧板带钢的质量，在轧制时需要进行工艺润滑。

A　工艺润滑的作用

（1）减少金属的变形抗力，降低轧制压力和提高道次变形量。

（2）提高板形平直度。

（3）减少轧辊损耗，防止金属粘辊。

（4）一定程度的冷却作用。

（5）生产厚度更小的产品。

B　润滑剂的选择要求

（1）必须具有良好的润滑效果。

（2）可单一使用，也可配制成乳化液或轧制油。

（3）性质均匀、稳定，在随后的工序中易去除。

（4）无毒、无污染，经济环保。

（5）来源广、价格低，储运方便。

润滑剂的润滑效果一般用板带钢与轧辊之间的有效摩擦因数衡量。表 5-1 给出了使用不同润滑剂时的摩擦因数。

表 5-1　使用不同润滑剂时的摩擦因数

润滑剂	摩擦因数	润滑剂	摩擦因数
中性矿物油	0.62	动物脂	0.46
高沸点棕榈酸二甲苯基	0.52	天然棕榈油	0.042
菜子油	0.50		

需要说明的是，相对于不同的轧机和轧件，表 5-1 所列摩擦因数会有微小变化。

C　几种润滑剂特性比较（见表 5-2）

表 5-2　几种润滑剂特性比较

润滑剂	特　　点
动植物油	润滑效果好，对钢板无污染，但来源困难，价格高。实际中很少使用或配合矿物油使用
矿物油	润滑效果较好，耐热性能也不错，资源丰富，但其易挥发气化，不环保。实际生产中应用较多
乳化液	乳化液是由 5% ~15% 的乳化油和 85% ~95% 的水混合而成。水作为冷却剂和载油剂而起作用。实际生产中，由于其经济环保，应用最为广泛

D 润滑对金属延伸和变形抗力的影响

冷轧采用润滑剂有效地减小了轧件与轧辊之间的摩擦因数，提高了金属的延伸性能，降低了轧制时的变形抗力。实践证明，采用润滑剂后，单位轧制压力可减少 25% ~ 30%。在不同润滑条件下的压下率与平均轧制压力的关系如图 5-1 所示。

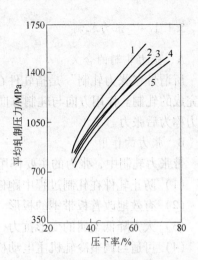

图 5-1 轧制 18-8 型不锈钢时压下率与平均轧制压力的关系
1—矿物油乳化液；2—甘油硬脂酸；3—动物脂；4—食物油；5—蓖麻油

5.1.1.3 工艺冷却

A 工艺冷却的意义

冷轧过程中要产生变形热和摩擦热，使轧辊和轧件温度升高。轧辊温度升高，会造成辊面硬度降低，辊型遭到破坏，使工艺润滑剂失效等后果；轧件温度升高，会使不均匀变形加剧，同时会影响表面质量和性能。为此，在冷轧生产过程中必须采取有效的冷却。

B 工艺冷却剂的选择

水因比热容大、吸热率高、成本低廉，是较理想的冷却剂。油的冷却能力则比水差得多。水和油的吸热性能见表 5-3。

表 5-3 水和油的吸热性能

种 类	比热容/J·(kg·K)$^{-1}$	热导率/W·(m·K)$^{-1}$	沸点/℃	挥发热/J·kg^{-1}
油	2.093	0.146538	315	209340
水	4.197	0.54847	100	2252

由表 5-3 可知，水的比热容比油大一倍，热导率约为油的 3.75 倍，挥发热大十倍以上。由于水有如此优越的吸热性能，故大多数轧机的冷却剂皆采用水或以水为主要成分。使用二十辊轧机时，由于工艺润滑与轧辊轴承润滑共用一种冷却剂，才全部采用油冷，此时为保证冷却效果，需要供油量足够大。

需要指出的是，水中含有百分之几的油类即足以使其吸热能力降低三分之一左右。因此，轧制薄规格的高速冷轧机的冷却系统，往往以水代替水油混合液（乳化液），以显著提高吸热能力。

C 工艺冷却的强化

增加冷却液在冷却前后的温度差是提高冷却能力的重要途径。在老式轧机的冷却系统中，冷却液只是简单地喷浇在轧辊和轧件上，因而冷却效果较差。采用高压空气将冷却液雾化或者采用特制的高压喷嘴喷射，可大大提高其吸热效果并节省冷却液用量。冷却液在雾化过程中本身温度下降，所产生的微小液滴在碰到温度较高的辊面或板面时，往往即时蒸发，借助蒸发吸热大量带走热量，使冷却效果大为改善。但是在采用雾化技术时，一定要注意解决机组的有效通风问题，以免恶化操作环境。

5.1.1.4 张力轧制

A 张力轧制的含义

所谓带"张力轧制"是指轧件在轧制变形过程中，在有一定的前张力和后张力的作用下完成的轧制。作用方向与轧制方向相同的张力称为前张力；作用方向与轧制方向相反的张力称为后张力。

B 张力的作用

带张力轧制中，张力的主要作用有：

（1）防止轧件在轧制过程中跑偏。

（2）有效地改善板带钢的板形。

（3）大大降低金属的变形抗力，利于轧制更薄的产品。

（4）可适当调整冷轧机主电动机负荷。

在有张力的带材轧制中，若轧件出现不均匀延伸，则沿轧件宽度方向上的张力分布将会发生变化，即延伸较大的一侧张力减小，而延伸较小的一侧张力变大，结果自动起到了纠正跑偏的作用。带张力轧制能有效地纠正跑偏，使轧件基本在平行的辊缝中稳定变形，有利于确保轧制的稳定和轧件的精度。张力纠偏的缺点是张力分布的改变不能超过一定的限度，否则会造成"抽带"，甚至断带。

由于轧件的不均匀延伸会改变沿带材宽度方向上的张力分布，而这种改变后的张力分布又会促进延伸的均匀化，故张力轧制有利于保证轧件良好的板形。若轧制过程不带张力，不均匀延伸会引起轧件内部残余应力增加，使轧制表面出现浪皱的可能性增大。

C 张力的选择

生产中张力是指单位平均张力（作用在带材断面上的平均张应力）σ_z。理论上讲，σ_z 应尽可能高些，但不应超过带材的屈服极限 σ_s。实际上，不同的轧机，不同的轧制道次，不同的品种规格，不同的原料条件，皆要求不同的 σ_z 与之相适应。根据以往的经验，$\sigma_z = (0.1 \sim 0.6)\sigma_s$，在可逆轧机的中间道次或连轧机的中间轧机上，一般 $\sigma_z = (0.2 \sim 0.4)\sigma_s$，通常情况下，$\sigma_z \leqslant 0.5\sigma_s$。

选择张应力的一般做法是，先按经验选择一定的 σ_z 值，然后再进行校核。

5.1.2 冷轧板带钢生产的工艺流程

冷轧板带生产的工序和工艺流程与产品紧密相关，随产品的要求不同，工艺流程也有所不同。

一般用途冷轧板带钢的生产工序是：酸洗、冷轧、退火、平整、剪切、检查缺陷、分类分级以及成品包装。其工艺流程如图 5-2 所示。

图 5-2 一般用途钢板生产工艺流程

冷轧板带钢产品极为广泛,其具有代表性的产品有金属镀层板(镀锡板、镀锌板等)、深冲钢板(汽车板等)、电工用硅钢板与不锈钢板等。其生产工艺流程如图5-3所示。

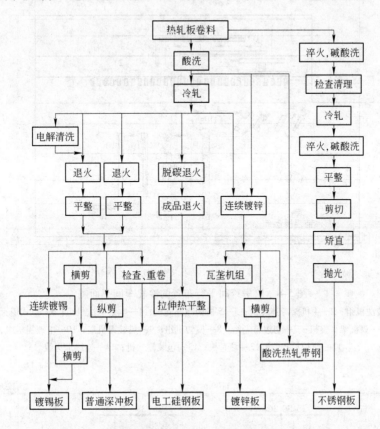

图 5-3　冷轧薄板生产工艺流程

5.1.3　冷轧板带钢车间的组成与布置

冷轧板带钢生产的品种繁多,工序复杂,因此车间的布置也多种多样。综合起来,可以归纳为以下三种:

(1)厂房跨间互相平行布置,产品工艺流程为Z字形。这种形式在20世纪60年代以前采用较多,我国鞍钢冷轧厂即为此种布置。图5-4为美国某一冷轧车间的布置,该厂以生产镀锡板为主。生产过程中,半成品带卷须经专门的过跨设备和经起重机倒吊,增加了运送工作量,且易损伤带卷。

(2)厂房跨间互相垂直布置,产品工艺流程为工字形。在20世纪70年代大多采用这种形式。图5-5为罗马尼亚加拉兹钢铁联合企业冷轧板带钢车间的布置图。产品的工艺流畅,但车间过长,约1200m,对钢铁联合企业的总体不利,故这种布置的实例不多。

(3)厂房跨间互相垂直,产品工艺流程为U字形。这种形式在20世纪70年代及其后出现较多。这种形式的布置产品工艺流程比较顺利,厂房占地要求合理,易于做钢铁联合企业的总体布置。图5-6为我国武钢冷轧厂的一个布置实例。全连续轧制及连续退火生产线也是采用这种形式布置。

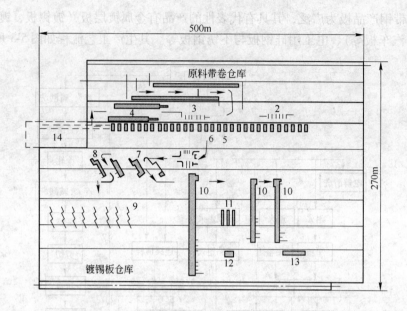

图 5-4　厂房跨间平行布置的冷轧车间平面图

1—酸洗机组；2—4 机架冷连轧机；3—5 机架冷连轧机；4—电解清洗机组；5—罩式退火炉；
6—双机架平整机；7—切边重卷组；8—横切机组；9—热镀锡机组；10—电镀锡机组；
11—薄板检查线；12—翻卷机；13—包装输送机；14—连续退火线

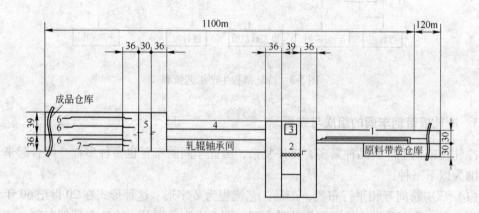

图 5-5　工字形工艺流程冷轧车间实例

1—酸洗机组；2—5 机架冷连轧机；3—乳化液站；4—罩式退火炉车间；
5—平整机；6—横切机组；7—纵切机组

5.2　酸洗操作

5.2.1　带钢氧化铁皮

　　冷轧的坯料是热轧带钢，由于热轧带钢是在 800～900℃以上温度条件下进行轧制的，其表面形成大约厚度为 0.1mm 的氧化铁皮。氧化铁皮的结构如图 5-7 所示。最外层的

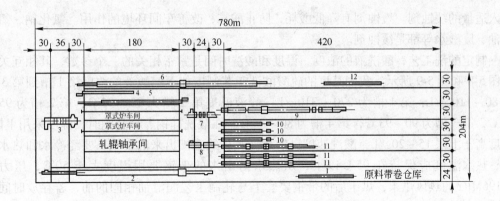

图 5-6　U 字形工艺流程冷轧车间实例

1—并卷机组；2—酸洗机组；3—5 机架冷轧轧机；4—电解清洗机组；

5—连续退火炉；6—热镀锌机组；7—双机架平整机；8—单机架平整机；

9—电镀锡机组；10—纵切机组；11—横切机组；12—瓦垄机组

Fe_2O_3 占氧化铁皮厚度的 10%；中间层是 Fe_3O_4 占总厚度的 40%；内层是 FeO 占总厚度的 50%。外层的 Fe_2O_3 和中间的 Fe_3O_4 结合很牢固，且中间层致密。中间层的 Fe_3O_4 和内层的 FeO 结合不牢固。

图 5-7　氧化铁皮层的结构

氧化铁皮的存在会影响冷轧带钢的表面质量，影响冷轧带钢后续加工的产品质量，必须在带钢冷轧前在专门的酸洗机组上采用物理或化学的方法将带钢表面上的氧化铁皮清除掉。酸类按照一定的浓度、温度、速度除去氧化铁皮的化学方法称为酸洗。

5.2.2　酸洗工艺及操作

老式酸洗采用硫酸酸洗，这种酸洗的速度慢，酸洗质量低，容易产生过酸洗，已经淘汰，被盐酸酸洗所取代。

采用盐酸酸洗时，盐酸与热轧板卷的氧化铁皮外层反应速度快。由于表层溶解，故没有必要预先造成表层龟裂。

$$Fe_2O_3 + 4HCl \longrightarrow 2FeCl_2 + 2H_2O + 1/2O_2 \uparrow$$

$$Fe_3O_4 + 6HCl \longrightarrow 3FeCl_2 + 3H_2O + 1/2O_2 \uparrow$$

$$FeO + 2HCl \longrightarrow FeCl_2 + H_2 \uparrow$$

盐酸能溶解三种氧化铁皮，酸洗速度快，表面质量好，且酸洗反应产物的亚铁盐易溶于水，容易冲洗干净。因酸洗主要靠溶解作用，故可省去破鳞机，减少带钢表面机械划伤的机会，在酸洗槽内也没有氧化铁皮的积存。此外，盐酸几乎不侵蚀带钢基体，不易发生过酸洗和氢脆现象；易于回收再生，且资源丰富。因而盐酸酸洗应用愈来愈广泛，新建的冷轧车间几乎全部采用盐酸酸洗。

在酸洗过程中，特别是采用硫酸酸洗易出现过酸洗（基体铁溶解），同时还会使酸耗增加，氢的扩散还会造成氢脆等。除对酸洗时间及温度加以控制外，须定时地向酸洗槽中加入适量的缓蚀剂。缓蚀剂有降低酸耗，防止酸雾，改善车间环境的作用。氯化钠、氯化柴油、废酸水等都是缓蚀剂。

　　制定酸洗工艺，酸洗液的浓度、温度和酸洗时间是紧密相关的三个参数，其相互关系如图 5-8 和图 5-9 所示。我国某厂的硫酸酸洗工艺制度如下：酸液的浓度第 1 槽到第 3 槽为 80~110 g/L，第 4 槽为 270~310g/L；酸液温度第 1 槽为 93~95℃，第 2 槽为 95~97℃，第 3 槽为 90~93℃，第 4 槽为 80~85℃。在酸洗硅钢、合金钢时，温度采用上限，浓度高于上限 15~20g/L，酸洗速度灵活掌握。从酸洗槽出来的带钢，要经冷水和热水冲洗，热水温度应保持在 95℃ 以上，从热水槽出来的带钢要用温度大于 50℃，压力为 0.196MPa 的热风烘干，烘干后的带钢要套上与轧制工艺润滑油相同的油，若存放时间很短，也可不涂油。

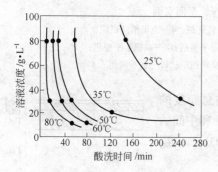

图 5-8　碳钢酸洗速度与溶液
温度、浓度的关系

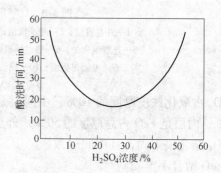

图 5-9　酸洗时间与酸溶液
浓度的关系

　　为提高酸洗的生产效率，现代冷轧车间一般都设有连续酸洗加工线。20 世纪 60 年代以前，带钢的连续酸洗几乎都采用硫酸酸洗。60 年代以后普遍采用盐酸酸洗。宽带的连续酸洗线分卧式与塔式两类。图 5-10 为卧式连续盐酸酸洗机组。

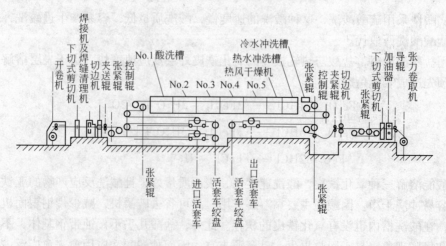

图 5-10　卧式连续盐酸酸洗机组

　　在最新的连续酸洗机组中装有保持酸液浓度和温度自动控制装置，计算机应用于带钢的跟踪和在入、出口焊接点自动减速，出口质量分割自动减速，张力卷取机的带钢尾部位置自动停止等。

5.3 冷轧操作

5.3.1 冷轧机的生产分工

现代冷轧机按轧辊配置方式可分四辊式与多辊式两大类，按机架排列方式又可分单机架可逆式与多机架连续式两种。

单机架可逆式适于产品的品种规格变动频繁而每批产品的生产数量不大，或者合金钢产品比例较大的生产情况。这种轧机生产能力较低、投资小、建厂快、灵活性大，适宜于中小型企业。

连续式冷轧机生产效率高，当产品品种较为单一或变动不多时，连轧机最能发挥其优越性。冷连轧机目前生产的规格范围：板带宽度 450~2450mm，厚度 0.076~4mm。根据所生产产品规格，确定机架的数目。三机架冷连轧机主要用于生产厚度 0.6~2.0mm 的汽车钢板，总压下率达 60%。四机架冷连轧机，可生产厚度 0.35~2.7mm 的产品，总压下率达 70%~80%。五机架冷连轧机可生产厚度 0.25~3.5mm 的产品。六机架冷连轧机专用于生产厚度可薄至 0.09mm 的镀锡板。为生产特薄镀锡板（厚度 0.065~0.15mm），近年来专门设置了二机架式或三机架式的二次冷轧机。

5.3.2 可逆式冷轧机组的组成及工艺操作

图 5-11 是可逆式冷轧机组示意图，可逆式冷轧机组由四部分组成：板卷运输及开卷设备、轧机、前后卷取机、卸卷装置及钢卷收集设备。图 5-12 是轧机构成示意图。

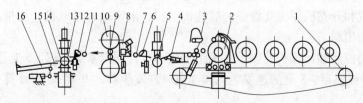

图 5-11　1200mm 轧钢机组设备组成示意图
1—大链子；2—拆卷机；3—伸直机；4—活动导板；5—右卷取机；6—机前导板；7—机前游动辊；8—压板台；9—工作辊；10—支撑辊；11—机后游动辊；12—机后导板；13—左卷取机；14—卸卷小车；15—卸卷翻钢机；16—卸卷斜坡道

板卷运输机一般是链式的或步进梁式的，开卷机是对锥式的。带钢送至轧机后，机前卷取机咬入带钢头部，然后开始第一道轧制。轧完第一道后，带钢尾部咬入轧机后的卷取机中，轧机转换轧制方向开始下一道轧制。如此按照轧制规程往复进行，直到轧至要求的厚度。可逆式轧机一般都是奇数道次轧出成品。卸卷由卸卷小车完成。带卷收集装置为一斜坡道或卸料步进梁。

5.3.3 冷连轧机组的组成与工艺操作

冷连轧机组的机座与可逆式冷轧机座基本相同，多为四辊式。机座数目 2~6 台，配

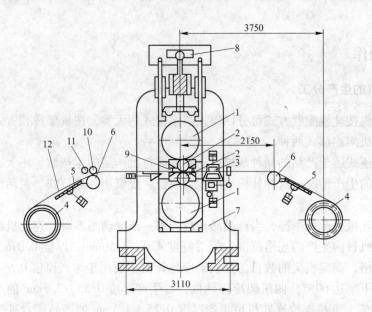

图 5-12　轧机构成示意图

1—支撑辊；2—工作辊；3—压力导板台架；4—卷取机；5—活动导板；
6—游动辊；7—牌坊；8—压下机构；9—工作辊平衡缸；
10—挤乳液辊；11—压缩空气喷嘴；12—带钢

置为连续式。

以我国某厂 5 机架四辊轧机所组成的冷连轧机组为例。入口处有剥带机、钢卷运送小车、预开卷装置和开卷机等主要设备完成轧机上料。出口端有卷取机、皮带助卷器及运送小车完成轧后的出料。

为实现自动控制和计算机控制，在机组上装有 3 台同位素测厚仪、5 套张力测量装置、5 套光栅式位移传感器、5 套测速发电机和光电脉冲发生器。共有 17 台计算机用于机组的自动控制。

吊运来的钢卷放在机组端部的步进梁上，横移至步进梁的最后一个周期时，光电管和行程发生器测带宽，对中将钢卷放置钢卷小车的回转辊上。经拆捆、预开卷、上卷小车将钢卷运至开卷机，锥头套上钢卷。钢卷前端由夹送辊送入辊式压紧台，然后依次进入各机架。直到在卷取机绕上数圈后，皮带助卷器退回，冷连轧机组由穿带速度加速到轧制速度。当钢卷尾端离开最后一个机架后，卷取机自动停车，卷筒收缩，由卸卷小车卸下钢卷，送至步进梁进行称量、捆扎。

为了穿带和甩尾，第一机架前设有带头压板、侧导辊和辊式压紧台。第 2 至第 5 机架入口侧设可开合的带侧导板的板式压紧台。穿带时，带头在各机架均以 1m/s 的速度咬入，当前一架咬入时，后面机架按比例减速。

5.3.4　全连续式冷轧机组的组成与工艺操作

美国新近投产的一套 5 机架全连续冷轧机组的组成，如图 5-13 所示。

原料板卷在开卷机拆卷后，经头部矫平机矫平及端部剪切机剪齐并在高速闪光焊接机

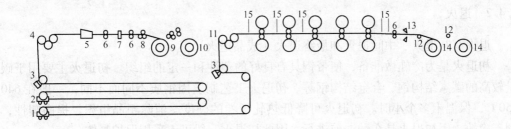

图 5-13　5 机架全连续冷轧机组设备组成示意图

1，2—活套小车；3—焊缝检测器；4—活套入口勒导装置；5—焊接机；6—夹送辊；
7—剪断机；8—三辊矫平机；9，10—开卷机；11—机组入口勒导装置；
12—导向辊；13—分切剪断机；14—卷取机；15—X 射线测厚仪

中进行端部对焊。板卷焊接连同焊缝刮平等全部辅助操作共需 90s 左右，在焊卷的同时，为保证轧钢机组仍按原速轧制，配备活套仓。该厂的活套仓采用地下活套小车式，可储存超过 300m 以上的带坯。在连轧机保持正常入口速度的前提下，允许活套仓入口端带钢停走 150s。在活套仓的出口端设有导向辊，使带钢垂直向上经由一套三辊式的张力导向辊给 1 号机架提供张力。带钢在进入轧机前的对中由激光准直系统完成。在活套仓的入口与出口处装有焊缝检测器，若在焊缝前没有厚度的变更，则由该检测器给计算机发出信号，对轧机作相适应的调整。这种轧机不停车而作调整，使产品规格得以变化并符合设定的要求的操作称为动态变规格调整。这种调整，不同厚度规格的两个带卷间的调整过渡段仅为 3～10m，可见调整的适时性。这样快速而复杂的调整过程只有靠计算机进行。在冷连轧机组的末架（5 号机架）与两个张力卷筒之间装有一套特殊的夹送辊与回转式横切飞剪。计算机对通过机组的带钢焊缝实行跟踪。当需要分切时，分切保持在焊缝通过机组之后进行，以使焊缝总是位于板卷的尾部。夹送辊的用途是当带钢一旦被切断而尚未进入第二张力卷筒重建张力之前，维持第五架一定的前张力。此夹送辊在通常情况下并不与带钢接触，只有当焊缝走近时，夹送辊即加速至带钢的运行速度并及时夹住带钢。一旦张力重新建立后即松开。

5.4　精整操作

冷轧板带的精整一般主要包括脱脂、退火、平整及剪切等工序。

5.4.1　脱脂

板带冷轧后进行清洗以去除板带表面上的油污称为脱脂。脱脂是为了避免油脂在退火炉中挥发所生成的挥发物残留在板带表面形成油斑，而影响板带的表面质量。

脱脂的方法一般有电解清洗、机上清洗与燃烧脱脂等。电解清洗采用碱液为清洗剂，通常是 2%～4% 的硅酸钠水溶液，外加界面活性剂以降低碱液表面张力，改善清洗效果。通过碱液发生电解，放出氢气与氧气，起到机械冲击作用，从而加速脱脂过程。对于一些使用以矿物油为主的乳化液作为工艺润滑剂的冷轧，则在轧制的最后道次喷以除油清洗剂，这种方法称为机上洗净法（又称去油轧制）。

5.4.2　退火

退火有初退火、中间退火和最终退火（成品退火）。

初退火是为冷轧做准备，使带钢具有良好的塑性和一定的组织。初退火主要用于碳含量较高的碳素结构钢、合金结构钢等。初退火工艺制度因钢质不同而不同，一般在 640 ~ 750℃，保温十多个小时。初退火可降低热轧板卷的硬度、消除粗晶组织、提高塑性，以利于冷轧。因初退火是在酸洗前进行，因此初退火一般可不采用保护气体。

中间退火是为消除加工硬化，以利下一步轧制。中间退火一般都是在保护气氛中进行光亮退火。

成品退火通常是使板带进行恢复、再结晶及晶粒适当长大以改善其加工性能，此外也要根据生产板带品种的最终性能要求。如有的板带是为获得良好深冲压性能，而有的板带则专为脱碳及产生二次再结晶而进行退火的（如硅钢片）。

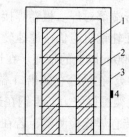

图 5-14　罩式退火炉简单示意图
1—钢卷；2—内罩；3—外罩；
4—煤气阀门

在冷轧板带退火中应用最广的是罩式退火炉。罩式退火炉简单示意图如图 5-14 所示。罩式退火炉的退火周期长（长达几昼夜），其中又以冷却时间占比例最大。采用松卷退火代替紧卷退火可以大大缩短退火周期，但由于其工序繁琐，退火前后都需要重卷，故未能得到推广应用。近年来紧卷退火采用了平焰烧嘴，提高了加热效率，并采用快速冷却技术以缩短退火周期，使退火时间缩短了 1/3 ~ 1/2。快速冷却法主要有两种：一种是使保护气体在炉内或炉外循环对流实现一种热交换式冷却；另一种是在板卷之间放置直接用水冷却的隔板。

冷轧板带成品退火的另一新技术是连续式退火，其作业方式与连续式酸洗相似，亦分为卧式与立式（塔式）两种。图 5-15 为处理镀锡板用的塔式连续退火机组。

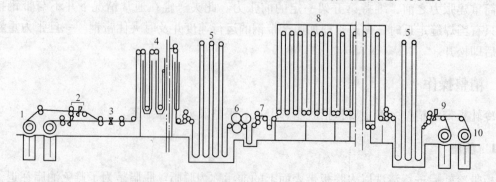

图 5-15　白铁皮塔式连续退火机组设备组成示意图
1—开卷机；2—双切头机；3—焊头机；4—带钢清洗机组；5—活套塔；6—圆盘剪；
7—张力调节器；8—塔式退火炉；9—切头机；10—卷取机

实验表明，经连续退火处理的带钢力学性能优于罩式退火处理。连续退火提高了带钢纵向、横向性能的均匀程度，处理周期短，生产效率高，在退火的同时可以施加张力作板形矫正，且没有黏结缺陷。因而冷轧板带钢的主要品种，从镀锡板、深冲板直到硅钢片及不锈钢带都可采用高效而经济的连续退火处理。

5.4.3　平整

平整实质上是采用小压下率（0.3%～3%）的冷轧。经过平整后的板带钢可以消除屈服平台，在带钢平整后相当长的一段时间内表面不出现冲压"滑移线"（即吕得斯线），如图5-16所示。同时使板带的屈服极限达到最低，从而提高板带的成型性能。如汽车板的平整伸长率在0.8%～1.2%时，屈服极限最低，成型性能良好（见图5-17）。

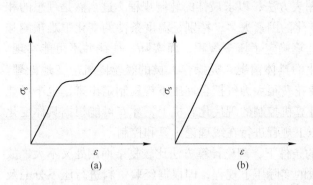

图5-16　平整前后的应力-应变曲线
（a）平整前；（b）平整后

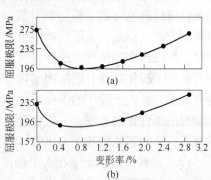

图5-17　屈服极限与平整变形率的关系
（a）钢板厚度0.3mm；（b）钢板厚度0.7mm

平整可改善板形，提高板带的平直度。为此平整机的轧辊辊径应尽量选大一些有利。此外通过选用不同处理过的辊面轧辊进行平整，可以得到不同要求的板带表面。通过调整平整的压下率，可使板带钢的力学性能在一定范围内变化，以适应不同用途的要求。通过双机架或三机架平整还可实现较大的压下率，以便生产超薄的镀锡板。

经热处理后的普通板带、镀锡板、汽车板等均需进行平整。

平整又可分干平整和湿平整。干平整不加润滑剂，而湿平整采用既具较强清洗作用又能防锈的润滑剂。湿平整较之干平整可降低轧制压力30%～40%，在双机架平整机应用较多。

5.5　冷轧板带钢轧制工艺制度的制定

板带钢轧制工艺制度主要包括压下制度、张力制度、速度制度、辊型制度及润滑制度等，其中主要是压下制度和辊型制度，它们决定着实际辊缝的大小和形状。制定工艺制度主要是根据产品的技术要求、原料条件及生产设备的情况，运用数学公式（模型）或图表进行计算，决定各道次的实际压下量、轧制速度等，并根据产品特点确定轧制温度及辊型制度，以便在安全操作条件下达到优质、高产和低消耗的目的。

5.5.1　压下制度的制定

板带钢轧制压下规程是板带轧制制度（规程）最基本的核心内容，直接关系着轧机的产量和产品的质量。压下规程的中心内容就是要确定由一定的板坯轧成所要求的板带成品的变形制度，亦即要确定所需采用的轧制方法、轧制道次及每道次的压下量大小；在操作上就是要确定各道次压下螺丝的升降位置,即辊缝的开度。与此相关联的,还要涉及各道轧制速度、轧制温度及前后张力制度的确定及原料尺寸的合理选择,因而广义地说来,压下规程的制定也应当包括这些内容。

5.5.1.1　制定压下规程的方法

制定压下规程的方法很多,一般可概括为理论方法和经验方法两大类。

(1) 理论方法。理论方法就是从充分满足前述制定轧制规程的原则要求出发,按预设的条件通过理论(数学模型)计算或图表方法,以求最佳的轧制规程。这当然是理想的和科学的方法。但是,实际生产中由于变化的因素太多,特别是温度条件的变化很难预测和控制,所以虽事先按理想条件经理论计算确定了压下规程,而实际上往往并不可能实现。因而在人工操作时就只能按照实际变化的具体情况,凭操作人员的经验随机应变地处理。这就是说,在人工操作的条件下,即使花费很大力气把合理压下规程制定出来,也不可能按理想的条件得到实现。只有在全面计算机控制的现代化轧机上,才有可能根据具体变化的情况,从上述原则和要求出发,对压下规程进行在线理论计算和控制。

(2) 经验方法。由于在人工操作的条件下,理论计算方法比较复杂而用处又不大,故生产中往往参照现有类似轧机行之有效的实际压下规程,即根据经验资料进行压下分配及校核计算,这就是所谓的经验方法。这种方法虽然不十分科学,但较为稳妥可靠,且可通过不断校核和修正而达到合理化。因此,这种方法不仅在人工操作的轧机上用得广泛,而且在现代计算机控制的轧机上也经常采用。例如,常用的压下量或压下率分配法、能耗负荷分配法等基本上都是经验方法。应该指出,即使是按经验方法制定出来的压下规程,也会由于生产条件的变化和人工控制的误差,很难在实际操作中实现原定规程。

5.5.1.2　生产实际中压下规程的制定

基于上述情况,生产中通常采用原则性与灵活性相结合的方法来处理压下规程问题。

(1) 根据原料、产品和设备条件,采用理论或经验的方法制定出一个原则指导性的初步压下规程,或者只从保证设备安全出发,通过计算规定出最大压下率的限制范围,有了这个初步规程或限制范围,就基本上保持了原则性与合理性。

(2) 在实际操作中,以此规程或范围为基础,根据当时的实际情况具体灵活掌握,这样就有了适应具体情况的灵活性。没有一个从实际条件出发并根据科学计算而定出的原则性规程或范围,就难以合理地充分发挥设备能力;而没有实际操作中的随机应变,便无法适应生产条件的变化,保证生产的顺利进行。这两方面相辅相成,体现为原则性与灵活性的结合。

在计算机控制的现代化轧机上,自然要根据具体情况,从理论原则和要求出发,进行合理轧制规程的在线计算和控制,这就更好地体现了原则性与灵活性的结合。事实上,在计算机控制的情况下也不可能在生产中完全按照初设定的压下规程进行轧制,而必须根据随时变化的实测参数,对原压下规程进行再整定计算和自适应计算,及时加以修订,这样才能轧制出高精度质量的产品。

通常在板带生产中制定压下规程的方法和步骤为:

1) 在咬入能力允许的条件下,按经验分配各道次压下量,这包括直接分配各道次绝对压下量或压下率；

2）制定速度制度，计算轧制时间并确定各道次轧制温度；

3）计算轧制压力、轧制力矩及总传动力矩；

4）校验轧辊等部件的强度和电机功率；

5）进行必要的修正和改进。

5.5.1.3 压下规程的操作

某 1850mm 冷轧厂，5 机架冷连轧机原料厚度为 1.6～6.0mm，轧机出口厚度为 0.2～2.5mm，其变形量如表 5-4 所示。

表 5-4 某冷轧厂典型产品轧制变形量

序 号	带钢宽度/mm	入口厚度/mm	出口厚度/mm	变形量/%
1	1220～970	2.0	0.30～0.375	81～85
2	1220～970	2.3	0.35～0.70	69.5～84
3	1420～970	2.6	0.50～0.90	65.4～80
4	1705～970	3.0	0.60～1.30	56.7～80
5	1705～970	4.0	0.8～2.05	48.8～80
6	1705～970	4.5	1.0～2.05	54.4～78.9
7	1705～970	4.8	1.0～2.5	47.9～79.2
8	1705～970	6.0	2.05～2.5	58.3～65.8

各机架压下量的分配通过过程计算机进行预设定计算。预设定计算有三种方式：

（1）自动方式。轧机操作工在操作室的主控操作画面上选择自动轧制方式后，过程自动化计算机会根据钢卷数据，利用模型自动计算出各种预设定值。

（2）标准方式。标准轧制规程是以材料和尺寸的方式存储在过程计算机里。生产时由操作工输入原料厚度、出口厚度、宽度等数据，计算机就可以从数据库中自动选择相应的轧制规程。在调试阶段，标准轧制规程可以根据客户的要求进行优化，也可以在调试后由工艺工程师维护。如果没有标准轧制规程，就用自动轧制指导。

（3）手动方式。在手动下，操作工可以自己编写指令，对各种数据如压下量、轧制速度、轧制张力等进行预设定。

当为比较特殊带钢选择预设定方式时，手动方式具有最高优先级，如果没有操作工输入，则用标准方式；若没有标准方式，就用自动方式进行。

5.5.2 张力制度的制定

张力是由于线速度差产生的拉力。采用张力轧制是冷轧带钢轧制的主要工艺特点之一。如前所述"张力轧制"就是轧件的轧制变形是在一定的前张力和后张力作用下实现的。

在轧制过程中，张力的作用直接影响成品的厚度精度、板形和表面质量，为了使轧机能正常地轧制出质量良好的带钢，必须对张力进行控制和利用。

张力控制基本上可以分为直接张力控制和间接张力控制两大类。前者是用张力计直接检测出张力的实际值，经张力控制器送入系统中进行闭环控制；后者则是控制一些与张力有关的电气量来达到控制张力的目的。

张力调节方式有两种，一种是调节轧辊的速度，即所谓调速调张法；另一种是通过调节压下量来调节带钢张力，而压下量的控制又可分为轧制力控制和辊缝位置控制两种方式。通过调节来保持冷连轧机的张力恒定。

生产中张力的选择主要指平均单位张力 $\sigma_{平}$。从理论上讲 $\sigma_{平}$ 似乎应当尽量选高一些，但不应超过带材的屈服极限 R_e，即 $\sigma_{平} < R_e$。不同的轧机、不同的轧制道次、不同的品种规格，甚至不同的原料，均需有不同的 $\sigma_{平}$ 与之相适应。当轧钢工人的操作技术水平较高时，可选用 $\sigma_{平}$ 大些；当带钢硬脆、边部不理想或者工人操作不熟练时，$\sigma_{平}$ 可取得小些。根据以往的轧制经验，应在 $\sigma_{平} = (0.1 \sim 0.6)R_e$ 的范围内进行选取。

5.5.3　速度制度的制定

冷轧板带钢轧机按其作业制度的不同，共有三种速度制度，即转向、转速不变的定速轧制，可调速的可逆轧制，固定转向的可调速轧制。

（1）转向、转速不变的定速轧制。这种速度制度，主要用在小型冷轧窄板带钢的二辊、四辊轧机上。通常二辊轧机的辊径 $D \leqslant 350\mathrm{mm}$，辊身长度 $L \leqslant 500\mathrm{mm}$；四辊轧机的工作辊直径 $D_工 \leqslant 200\mathrm{mm}$，支撑辊直径 $D_支 \leqslant 400\mathrm{mm}$，辊身长度 $L \leqslant 500\mathrm{mm}$，因这类轧机在启动过程、制动过程中带厚可能超差，另外这类轧机目前仍大都采用人工手动测厚和调整，故最大轧制速度为 $0.5\mathrm{m/s}$。

（2）可调速的可逆轧制。钢卷通过开卷、直头送入轧机后，在前后卷取机上咬住板带钢头尾，进行往复轧制。每道次都要经过加速、减速、停车、换向等过程。速度太高，过渡时间长，板带钢超差长度增加。此外，轧制的板卷质量一般为 $5 \sim 30\mathrm{t}$，限制了速度的提高。另外，通过焊缝时要减速，故轧制速度一般为 $5 \sim 20\mathrm{m/s}$。

（3）固定转向的可调速轧制。固定转向的可调速轧制的典型代表为冷连轧机组的速度制度。冷连轧机生产的最大特点是：速度高（$20 \sim 40\mathrm{m/s}$），生产能力强，轧制板卷重（$40 \sim 60\mathrm{t}$）。

轧制时先采用低速轧制（约 $1 \sim 3\mathrm{m/s}$），待板带通过各机架并由张力卷取机卷上之后，同步加速到轧制速度，进入稳定高速轧制阶段。

5.6　涂镀层钢板生产

在具有良好深冲性能的低碳钢板表面涂镀锡、锌、铝、铬、铅-锡合金、有机涂料和塑料等制品称为涂层钢板。现介绍其中两种典型产品——镀锡薄板和有机涂层钢板的生产。

5.6.1　镀锡薄板生产

镀锡薄板的厚度为 $0.1 \sim 0.32\mathrm{mm}$，其表面镀有纯锡。由于表面光亮，耐腐蚀，有深冲成型的润滑，锡焊性良好，能进行精美的印刷和涂饰，镀锡板被广泛用于食品罐头工业和制作轻便耐蚀器皿。全世界年产 12000 万吨镀锡板，其中 60% 用于罐头工业，30% 用于工业包装材料。

5.6.1.1 镀锡薄板的分类

镀锡薄板可根据镀锡量、用途、板厚和尺寸、表面精加工、调质程度等进行分类。我国某冷轧厂生产的镀锡薄板以每平方米的镀锡克数作为分类标准，见表5-5。

表 5-5 分类方法及性能指标

分类方法	牌号名称	性能指标/g·m⁻²		分类方法	牌号名称	性能指标/g·m⁻²	
		公称值	允许范围（最小）			公称值	允许范围（最小）
镀锡量	E_1	5.6(2.8/2.8)	4.9	镀锡量	D_1	8.4/2.8	7.85/2.25
	E_2	11.2(5.6/5.6)	10.5		D_2	11.2/2.8	10.1/2.25
	E_3	16.8(8.4/8.4)	15.7		D_3	11.2/5.6	10.1/4.75
	E_4	22.4(11.2/11.2)	20.2		D_4	15.1/5.6	13.4/4.75

镀锡薄板根据用途不同可分四类：（1）含磷和硫较高，用于一般容器和啤酒瓶盖。（2）含极少有害元素铜、铬、镍、砷，用于要求较高的耐腐蚀性容器。（3）铜、铬、镍、砷含量稍高，适用于要求耐腐蚀性，而强度要求不高的容器。（4）含磷较高，在较大的平整量时，可成为高强度和高硬度的镀锡板。

5.6.1.2 镀锡原板

A 原料选择及工艺特点

我国目前镀锡原板的钢种选用08F或B2F。08F由于其含S、P不大于0.03%，有利于杯突值和抗腐蚀性能的提高。但因其成本较高，仅选用其做抗腐蚀性能要求较高的罐体及高深冲性能的容器。B2F由于成本较低，用于一般性能要求处。

镀锡原板的生产工艺与一般薄带钢的生产工艺大体相同。其工艺特点在于：对于板坯，为提高镀锡板的加工成型的稳定性时，应尽可能选用连铸坯作为板坯。热轧时为使晶粒度均匀，碳化物细微弥散，力学性能稳定，终轧温度要高，卷取温度要低。冷轧时为使原板退火后的晶粒细化，提高机械强度，通常原板的冷轧压下率为80%以上。退火对原板的调质程度有很大影响。一般镀锡原板都在A_1点以下，进行再结晶退火（低温退火）。平整可根据用途将原板调整至合适的硬度，此外还可防止产生折痕和滑移，提高表面光洁程度，平整压下量通常是1%~2%。

B 二次冷轧

一般的镀锡薄板的原板，在冷轧工序中即被轧制到镀锡薄板的要求厚度，在平整时压下量甚小。而二次冷轧的镀锡薄板的原板在平整轧制时，再进行20%~50%的压下率轧制，达到成品厚度。二次冷轧是为了生产比一般的镀锡薄板更薄、力学性能高的镀锡薄板。其厚度为一般镀锡薄板的2/3~1/2左右。经二次冷轧的镀锡薄板主要用于啤酒罐和流质饮料罐头等耐高压罐头的外壳及罐顶、罐底。图5-18为一般镀锡薄板和二次冷轧镀锡薄板生产工序的比较。

5.6.1.3 镀锡薄板的生产工艺

镀锡薄板按镀锡方法可分热镀锡和电镀锡。

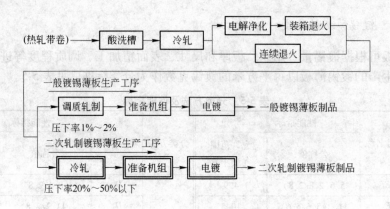

图 5-18　一般镀锡薄板与二次冷轧镀锡薄板生产工序的比较

A　热镀锡薄板生产

热镀锡有连续镀和单张镀两种方式。由于单张镀较连续镀有以下特点：在镀前可将钢板分检，以保证镀层厚度均匀；减少了镀后工序；在钢板逐张通过间隙时可清理油辊，减少了锡污、锡堆现象，因此成品率较高。此外单张镀锡宽度不受限制，所以在热镀锡薄板生产中，世界各国单独使用单张镀锡机组占绝大多数。热镀锡生产工艺流程见图 5-19。

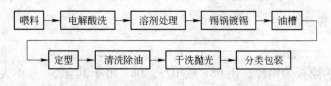

图 5-19　热镀锡生产工艺流程

电解酸洗是为在镀锡前清除钢材表面一层极薄的氧化膜。现代采用非接触法交流电解酸洗，电解液采用 HCl 溶液，浓度为 2% ~ 4%，电压 6 ~ 9V，电流密度 5 ~ 10A/dm²，酸洗温度 30 ~ 35℃。交流电采用工业周波，电极采用石墨电极，酸洗过程一般仅 3.5 ~ 10.5s。酸洗后要用高压水冲洗。

熔剂处理是镀锡前的最后一个预处理过程。熔剂处理是为清洁钢板表面，降低表面张力，使钢板表面能够很好地被锡浸润，以确保锡能牢固附着在钢板表面。

熔剂温度一般为 200 ~ 250℃，熔剂中加入水，水含量一般为 3% ~ 5%。为加速反应和降低熔剂熔点，一般还要加 3% ~ 5% 的氯化铵。反应生成的 HCl 去除了表面生成的氯化物，从而加强了锡和原板的镀着性。

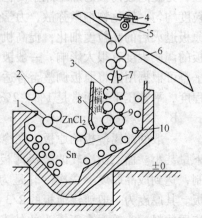

图 5-20　锡锅镀锡部分示意图
1—熔剂室；2—钢板入口；3—三对油辊组成的挤压机；4—平衡球；5—翻板机构；6—导板；7—水管；8—油槽；9—刷子；10—加热

锡锅镀锡如图 5-20 所示。热浸镀锡是在 300℃ 以上，钢基体首先与锡反应，生成 Sn-Fe 合金。

$$Fe + 2Sn \longrightarrow FeSn_2$$

$FeSn_2$ 合金表面是粗糙不平的，在其表面上牢固地附上一层纯锡层。随镀锡温度和速度上升，锡层厚度增加。为使锡层厚度一致，须保持工艺参数的稳定。

油槽的作用是靠其中的油辊机将镀锡板表面的锡层减薄并使其分布均匀。油槽中的油介质应具有强的还原能力，在使用中不允许锡的熔锅表面生成氧化膜；游离酸、水分、杂质含量尽可能少，饱和脂肪酸尽可能的高；在温度达 $240 \sim 260℃$ 时油不氧化；油的黏度要低，易从板面上流下，挥发性高且易于清除。根据上述要求，通过大量试验研究和生产实践表明，棕榈油是较好的热镀锡用油脂。此外经精炼并氢硬化的棉子油也能较好满足以上要求。

从油槽出来的镀锡薄板表面粘有大量的油，要经清洗（浓度为 0.1% ~ 0.2% 的碳酸钠热溶液），再经干洗抛光，装到垛板机上进行分类包装。

B 电镀锡薄板生产

20 世纪 40 年代后电镀锡逐渐取代热镀锡，目前电镀锡薄板已占全部镀锡薄板的 90% 以上。这是由于电镀锡较热镀锡具有耗锡量少、产量高、质量好、成本低、锡层厚度易调整等优点。电镀锡的缺点是锡层较薄，抗腐蚀性较差，投资也较高。

电镀锡全部采用连续镀的方式。按所用电镀液成分，分为碱性法和酸性法。碱性法，镀液的主要成分是锡酸钠，已较少应用。酸性法为电镀锡的主要方法，它包括硫酸亚锡电镀法又称费罗斯坦（Ferostan）电镀法；卤素电镀法和硼氟酸亚锡型三种。

现代电镀锡薄板的生产工艺流程如图 5-21 所示。

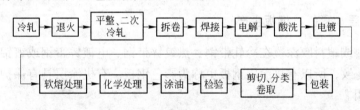

图 5-21 电镀锡生产工艺流程

现将应用最广泛的硫酸亚锡电镀法的基本原理介绍如下。

硫酸亚锡电镀法的工艺流程见图 5-22。

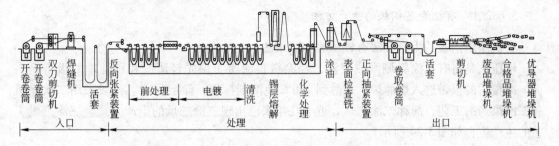

图 5-22 硫酸亚锡电镀法的工艺流程

该法的电解液为 $SnSO_4$ 和 H_2SO_4 的水溶液。$SnSO_4$ 和 H_2SO_4 首先按下式电解：

$$\left. \begin{array}{c} SnSO_4 \rightleftharpoons Sn^{2+} + SO_4^- \\ H_2SO_4 \rightleftharpoons 2H^+ + SO_4^- \end{array} \right\}$$

在电镀锡中，锡板为阳极，带钢作阴极，如图
5-23 所示。通电后，Sn^{2+} 和 H^+ 都向阳极运动，而锡
的电位为 0.9V，小于氢的电位（1.06V）。因而阴极
Sn^{2+} 首先接受两个电子而沉积到钢板表面，而 H^+ 仍
存在于溶液中，同时阳极的锡板失去电子不断溶解。

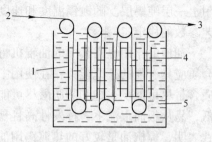

图 5-23　电镀槽示意图
1—锡块（阳极）；2—带钢入口；
3—带钢出口；4—带钢（阴极）；
5—电解液

阴极　　　　　　$Sn^{2+} + 2e \longrightarrow Sn \downarrow$

阳极　　　　　　$Sn - 2e \longrightarrow Sn^{2+}$

电解的过程包含锡分子的沉积和晶核形成与长
大。为得到晶粒细微的锡层，希望晶核形成的速度
大于晶粒长大速度。

电镀锡板的镀后处理包括软熔、钝化和涂油三个工序。

软熔就是将镀锡带钢加热到锡的熔点（231.9℃）以上，通常为 270~300℃之后，进
行淬火，使镀锡板表面形成厚约 0.6~0.9g/m^2 的抗腐蚀的铁-锡合金层。在软熔过程中不
可避免地在带钢表面会形成氧化锡膜，采用苏打清洗法去除氧化锡膜，然后再经过
$Na_2Cr_2O_7$ 钝化处理。在带钢表面镀一层 Cr_2O_3 或 Cr 以保护带钢表面。钝化后的镀锡带钢
要涂一层防锈油，一般采用静电涂油，涂油量为 5~30mg/m^2（双面）。最后根据用户要求
剪切、包装。

5.6.2　有机涂层（彩色）钢板生产

以有机涂料或塑料膜涂覆在冷轧带钢、热镀锌带钢、电镀锌带钢或镀铝带钢上，可以
制成各种彩色花纹，所以有机涂层钢板也称为彩色钢板。有机涂层具有保护金属板和延长
使用寿命的作用。

有机涂层钢板广泛用作建筑材料、汽车制造、电器工业和电冰箱、洗衣机等轻工业制
品的原材料。有机涂层钢板 1927 年始创于美国，1936 年在美国建成生产线。20 世纪 50
年代初期传到欧洲和日本。1963 年我国用热轧板在上海开始生产塑料膜压钢板。近年来国
际上彩色钢板生产技术得到迅速发展。全世界总产量已达 1000 多万吨。

5.6.2.1　有机涂层钢板的生产方法

有机涂层钢板的生产方法有辊压法和层压法。

辊压法是将有机涂料调配成浆液，经涂料辊涂覆于预先经清洗和预处理的板带钢表
面。涂覆后的板带进入烘烤炉，加热到 260℃使溶剂挥发，涂层固化。一般采用二次涂覆
和二次烘烤的工艺，简称二涂二烘。近十几年来已出现三涂三烘的生产方式。三涂三烘工
艺的生产流程如图 5-24 所示。

层压法是将经预先清洗和预处理的钢板或带钢用黏结剂和塑料膜热压黏结而成。

5.6.2.2　有机涂层钢板的基板和基板的预处理

有机涂层钢板的基板有镀锌板（热镀、电镀锌板）、冷轧板、镀铝带钢。镀锌板占
90%以上。根据有机涂层板的用途，选用镀锌板的品种规格。要求镀锌基板的表面主要是

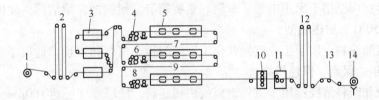

图 5-24　三涂三烘涂层工艺生产流程
1—开卷机；2，12—活套塔；3—表面处理槽；4—1 号辊涂机；5—1 号炉；
6—2 号辊涂机；7—2 号炉；8—3 号辊涂机；9—3 号炉；10—调质轧制；
11—平整辊；13—涂蜡机；14—卷取机

小锌花或无锌花的，也有一般锌花的。镀锌基板的供货状态是经平整的板卷，其平整度在长度方向应小于1%。

基板的预处理包括脱脂、刷磨、磷化处理（表面调整、磷酸盐处理）、钝化处理等。预处理的目的在于：清洁基板表面，并使之形成一种与钢板表面和涂层结合能力好，且耐腐蚀的膜。

脱脂的方法有浸渍法和喷淋法。脱脂液的主体成分是碱。

刷磨是为去除表面锈蚀、油垢，使表面活化。刷磨用尼龙毡辊等，在刷磨时用碳化物磨料。

刷磨清洗干净之后要进行化成处理，或者称为磷化处理。为增强处理效果，在处理前要进行表面调整，使钢板表面生成一些细小磷酸盐结晶，处理时这些预先形成的细小结晶就成为磷酸盐结晶的晶核，起到加速磷酸盐膜的生成并均匀化的作用。磷化处理是为在基板的表面生成一层磷酸锌薄膜，其化学反应如下：

$$Zn + 2H_3PO_4 \longrightarrow Zn(H_2PO_4) + 2H_2$$

$$3Zn(H_2PO_4)_2 \longrightarrow Zn_3(PO_4)_2 + 4H_3PO_4$$

所形成薄膜的组成是：$Zn_3(PO_4)_2 \cdot 4H_2O$，其颜色介于灰和灰黑色之间。磷化液的浓度在30%左右。在此之后再用铬酸盐溶液进行钝化处理。其目的是使铬酸处理液与基板上尚未被磷化膜覆盖的空点起化学反应，由反应产物将这些孔封闭起来，以提高表面处理膜的耐蚀性能。

目前使用的另一种方式是一次性处理方式，采用辊涂式，又称为辊涂式表面处理方式。处理液以铬酸盐为主体。处理液被辊涂到基板上之后与基板充分反应，生成所需要的化成膜，不必经过冲洗而直接烘干，送去涂覆。

在这些处理过程中，要得到良好的处理薄膜就必须选择与坯料相适应的处理剂，以及控制处理液的组成、温度、处理时间以及喷射压力等，并对薄膜质量、晶粒度、化学成分等进行适当调整。

5.6.2.3　涂料及涂覆工艺

A　涂料

涂料种类很多，各国使用情况不一。

聚酯涂料：广泛用于家用电器、车辆、集装箱等。耐腐蚀，耐沾污，硬度高，柔韧性好，一般在150℃下加热成型。

有机硅聚酯涂料：用于工业建筑和化工厂的门板、窗框和屋顶，适用于室外建筑，耐久性可达20年，保光、保色性好。

有机溶胶和塑料溶胶：用于室外钢板或铝板建筑，涂层厚度可达100μm。室外耐久性好，可长达20年。

溶剂型丙烯酸涂料：用于活动汽车房，有较好的保光、保色性，但柔韧性次于聚酯，其应用有减少的趋势。

水溶性丙烯酸涂料：对镀锌板和冷轧板效果较好，但多用于铝材表面。

氟涂料：是以偏氟己烯树脂为主要基料的产品，具有良好的室外耐久性，可达20年以上。

背面防锈漆：用于钢板背面，没有底漆，根据环境，可以选用醇酸型、聚酯型和环氧涂料。

B　涂覆设备

在涂覆设备中，以辊式涂覆设备为主。辊式涂覆设备有两种，一种是用与基板前进方向同向旋转的辊筒涂覆的顺向涂覆机。另一种是逆向涂覆机。而逆向涂覆机又有自然反向方式和全反向方式两种，如图5-25所示。顺向涂覆机一般用于薄涂，而逆向涂覆机一般用于厚涂。

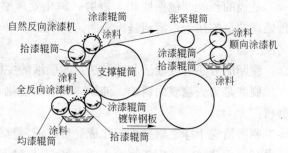

图5-25　辊式涂覆设备简图

除辊式涂覆机外还有静电喷涂机。在涂底料时也有使用电极沉积涂覆方式的。这些方法除设有处理槽外，还必须设有供电系统、涂料循环系统、节流装置等。

C　涂覆工艺

辊涂工艺在于使涂料均匀地涂覆于带钢表面并准确地控制涂层的厚度。影响涂层厚度的因素主要有：涂料的种类、黏度；涂覆胶辊的硬度；粘料辊与调节辊和涂覆辊之间的间隙；涂覆辊对基板的压力；支撑辊与涂覆辊的速度比；粘料辊与涂覆辊的速度比。对于已确定了成分和黏度的涂料，影响涂覆厚度的因素主要是正涂、反涂、辊子的速比。在涂覆时，涂层的厚度的控制和测量：一种是手动调节测量，一种是自动调节测量。所谓手动测量就是在涂覆时手持湿膜测厚器测量，按经验将湿膜厚度换算成干膜厚度，然后视情况，对辊缝进行调节。自动测量调节时可用红外线涂膜测厚仪或用测量辊子间压力、辊缝而进行调节。涂覆后要进行烘干，目前生产中主要采用悬垂式炉子。炉内带钢的垂度调节大部分都是靠张力进行。烘烤炉的温度一般在350℃左右，在此温度下涂料挥发出的溶剂与空气混合，有爆炸的可能，因而必须有防爆措施。诸如：控制炉内气氛中有机溶剂的含量或控制炉内气氛中氧的含量等。

D　后处理工艺

后处理工艺是指在基板带钢经过涂覆、烘烤后的处理，包括压花、印花、覆膜、平整、涂蜡等。

压花是专门对聚氯乙烯涂层板而设的工艺，它要求涂膜的厚度不小于100μm。这种压花通常在生产线上进行。覆膜是指在产品成品表面覆一层保护膜，防止在运输贮存和施工过程中，将产品的表面污染或划伤。平整是为提高涂层板的表面光洁程度，提高涂层板的加工成型性能。涂蜡是为减少涂层板产品的磨损和划伤。

5.7 轧制岗位操作与典型事故处理

5.7.1 酸洗缺陷的预防及处理方法

经盐酸酸洗后的带钢，可能会出现过酸洗、欠酸洗、停车斑、水印、"蚀孔"或"麻点"、氧化铁皮压入、酸洗气泡、酸洗脆性、划伤等缺陷，下面分别对各种缺陷产生的原因及预防措施进行分析。

（1）过酸洗。酸洗时在带钢表面上出现由伴生元素（如铜、锡和砷）组成的黑斑。这些元素首先从钢中溶解出来，然后又沉积到带钢表面。含硫高的钢也会产生硫化铁黑斑。"过酸洗"导致酸的强烈侵蚀，使钢中所含的碳移到钢表面，所以在酸洗件上也会产生黑色覆盖层。

防止过酸洗发生，主要要注意减少工艺段的停车，并注意工艺段停车时要及时放酸，以及合理地控制各活套中的充套量。现在普遍的方法是采用向酸液中加入缓蚀剂，实践中均取得了较满意的效果。

（2）欠酸洗。由于酸洗未充分完成而产生，目视观察带钢表面较黑，偶尔会发现带钢表面有氧化铁皮残留现象，它是酸洗生产过程中最常见的缺陷。

实际生产中出现欠酸洗现象主要有以下几个方面的原因：酸液中铁离子浓度过高（往往此时 HCl 含量较低），或酸温度较低产生的，有时拉伸矫直机未正常投入时也会造成欠酸洗缺陷。为了防止产生欠酸洗现象，应保证酸液温度，尤其冬季时应保证蒸汽压力。

（3）停车斑。指带钢在漂洗水中停留时间过长而在带钢表面形成的铁锈。产生的原因有两个部分：一是酸洗残留物，它由氧化铁皮、钢和酸洗用酸之间的反应形成的铁盐以及部分不溶于酸的钢的伴生元素（如碳、磷、硫、铜、镍和砷）组成的；二是带钢表面从酸洗槽带出含铁的酸洗液，这种酸洗液很快与表面发生反应，如果不立即对带钢表面进行水冲洗，则首先生成二价铁盐，而且很快就生成三价铁盐。停车斑对以后的生产以及板面质量影响都很大。

目前最好的解决办法是最大程度地减少工艺段停车，避免停车斑产生。个别厂家在漂洗水中加入脱氧剂，但效果并不理想。如果出现停车斑，只有用稀释的酸才能除掉这些铁盐，也可以除了擦除和在流动的水中进行刷洗外，最近还使用特殊的碱洗液。这种清洗液除了含有润湿剂外，还包括铁铬合物如氰化钠。

（4）水印。水印的产生主要有两个原因：一是由于挤干辊破损造成局部漂洗水残留，烘干之后形成水印。二是由于漂洗中含有 Ca^{2+}、Mg^{2+} 等离子而最终在带钢表面形成轻微氢氧化铁而形成水印。尽管水印对以后的生产影响不大，但它是酸洗过程中常见但又容易被忽视的缺陷，尤其对高质量冷轧板（尤其是汽车板）的表面质量影响是不可忽视的。

防止水印产生也主要从以上两个方面入手。坚持使用软化水生产，检查漂洗段出口挤干辊挤干效果；定期更换挤干辊，保证挤干辊工作状态良好。

（5）"蚀孔"或"麻点"。其他严重的酸洗缺陷有带钢表面粗糙、轻微腐蚀和酸洗蚀孔。当大小和深度不同的孔和坑，深度大于孔或坑的横断面尺寸时，就以"蚀孔"或"麻点"表示这种酸洗的缺陷。

带钢酸洗后表面残留少许的酸溶液、带钢清洗后没有达到完全干燥或在高温的清洗水中停留时间过长，酸洗液在局部进行腐蚀，使局部电流密度增大，从而使局部位置的溶解速度加快，这是产生这种缺陷的原因。如果局部极小面积的金属表面已暴露在酸中，而其周围金属表面上的氧化铁皮还没有被溶解，则该处的蚀孔最深。出现该缺陷要及时通知轧机主控，降速轧制防止断带。

（6）氧化铁皮压入。产生的原因是由于热轧生产过程中，轧件在进入粗轧机、精轧机前，表面氧化铁皮没有除净，轧制过程中鳞皮破碎压入带钢表面而形成。冷轧酸洗过程中氧化铁皮压入很难除去，即使除去，其留下的凹坑易聚积一些黑色颗粒物，是生产中常见且对以后的生产及产品质量影响较大的缺陷。目前冷轧厂只能加强原料检查，防止带有此类缺陷的原料进入冷轧生产过程。

（7）酸洗气泡。氢在晶格畸变区、缩孔或非金属夹杂物中再组成分子形式，而这些地方紧靠金属表面，于是形成酸洗气泡。酸洗气泡的体积小如针头，大如手掌，最常出现在钢锭头的那段带钢上。这些气泡常常不是在酸洗时立即形成，而是在加热以后才形成。因镇静钢中的伴生元素分布均匀和夹杂少，因此镇静钢的气泡比沸腾钢少。

（8）酸洗脆性。铁晶格由于吸收氢而扩大，并由此使钢中产生应力而改变钢的力学性能，这时就产生另一种酸洗缺陷，称为酸洗脆性。酸洗脆性主要表面在明显地降低钢的可塑性、韧性和抗裂能力。特别是由于冷加工变形而产生内应力的带钢，更容易产生酸洗脆性。

（9）划伤。该缺陷主要是由于机组中与带钢接触的各种辊表面出现质硬异物，或带钢的浪形过大造成带钢与导板接触，使表面划出伤痕。

防止划伤的措施是经常检查机组的滚动部件和导板，维护好设备。发现该缺陷后应及时对机组设备进行检查。

为了防止酸洗缺陷，应注意以下几点：（1）当轧制过程出现异常状态而造成低速运转或停机，应及时放酸，防止带钢出现过酸洗缺陷；（2）使用化学纯度合格的酸及添加剂，酸洗液应成分准确；（3）及时更新酸洗液，以防杂质和铁盐的含量过高。

5.7.2　传输跑偏及堆拉钢处理方法

在传输过程中最易造成带钢质量问题和设备故障的是带钢的跑偏和带钢的拉钢过大引起断带的问题。跑偏的原因是带钢两侧运行速度不同，或由于带钢边部波浪引起两侧长度不等造成的。带钢传输操作中，共设置了8个单辊式、1个双辊式、3个三辊式纠偏导向辊，分布在设备的各个入口和出口位置及活套内部，主要对带钢中心线定位。CPC 控制系统检测其中心线的偏移量，并自动进行纠正，使带钢精确地进入和输出设备，纠偏精度为 ±10mm。在纠偏辊上部设有缓冲压辊，目的是带钢在工艺段发生断带时，压辊下降，由人工进行操作，使其反向运转，将带钢两端拉在一起焊接好，再进行生产。带钢在酸洗槽或活套内发生断带时的处理方法如下：

（1）带钢在酸洗槽断带的处理方法。当带钢在酸洗槽内发生断带事故时，中间段会自动出现急停信号、酸洗槽内无张力的现象。此时的操作步骤如下：

1）入口段、出口段停止运行。中间段所有的酸泵、水泵、蒸汽停止。

2）酸洗槽放酸并冲洗后打开槽盖，打开全部挤干辊，找到断带位置。

3）入口活套和出口活套张力消失，减小拉矫机张力。

4）根据断带实际位置将带钢头拉到带尾处或将带钢尾拉到带头处：将带头拉到带尾处时，先将带头用水焊割成弧形，并在带头处割一小孔，穿入引带，如图5-26（a）所示。在入口活套卷扬处安排一名人员，点动入口活套卷扬，使活套小车向"空套"位置运行，保证在酸洗槽穿带时，入口活套的带钢处于适当的松弛状态。在拉矫机处安排一名人员，点动拉矫机单元（包括：

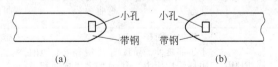

图5-26 断带时带头切孔穿带示意图
（a）将带头拉到带尾处时；（b）将带尾拉到带头处时

1号转向夹送辊、2号张力辊、3号张力辊），使带钢向前进方向运行，保证在酸洗槽穿带过程中，3号张力辊出口处的带钢处于适当的松弛状态。组织人员牵引引带，沿带钢运行方向将带头拉至带尾处。

当将带尾拉到带头处时，先将带尾用水焊割成弧形，并在带尾处割一小孔，穿入引带，如图5-26（b）所示。在出口活套卷扬处安排一名人员，点动出口活套卷扬，使活套小车向"空套"位置运行，保证在酸洗槽穿带过程中，出口活套的带钢处于适当的松弛状态。在4号张力辊处安排一名人员，点动4号张力辊，使带钢向后退方向运行，保证在酸洗槽穿带过程中，4号张力辊入口处的带钢处于适当的松弛状态。组织人员牵引引带，沿带钢运行方向逆向将带尾拉至带头处。

5）将带头压在带尾上焊牢。检查焊缝质量。确认焊缝牢固后，各段恢复正常状态，准备生产（焊接处不能切边和轧制）。

（2）带钢在活套内断带处理方法。当带钢在活套内发生断带事故时（以1号活套为例），入口段和中间段会自动出现急停信号，指示1号活套内无张力。此时的操作步骤如下：

1）停止中间段所有的酸泵、水泵、蒸汽。

2）酸洗槽放酸，减小张力。

3）拉矫机工作辊打开。

4）将断带处的带钢头尾拉在一起。

5.7.3 冷轧板带轧制缺陷及处理方法

5.7.3.1 浪形

浪形是指板带沿轧制方向高低起伏呈波浪形弯曲。根据分布部位不同分为中间浪、单侧浪、双侧浪、二肋浪等。浪形的大小是用单位长度内浪峰的高度来衡量的。浪形发生在钢板边部称为边浪，钢板一侧有浪为单边浪，两侧有浪称为双边浪。浪形发生在钢板中间的称为中间浪，发生在边部与中部之间的位置上的称二肋浪。如果浪形周期性出现则称为周期浪。各种浪形缺陷的形态、产生原因如表5-6所示。

表 5-6　浪形缺陷的比较

分　类	中间浪	单边浪	双边浪	二肋浪	周期浪
产生部位	带钢中间	带钢一侧	带钢两侧	在带钢中部与边部之间	带钢上
形　态	沿轧制方向凹凸不平的连续波浪状态	沿轧制方向凹凸不平的连续波浪状弯曲	沿轧制方向凹凸不平的连续波浪状弯曲	沿轧制方向出现的波浪状弯曲	周期性出现的波浪状弯曲
产生原因	带钢中间延伸大于边部延伸，导致边部受拉应力，中间受压应力，易产生裂边	带钢有浪一边的延伸大于中间和另一边的延伸所致	带钢两边的伸长率大于中间的伸长率，导致边部受压应力，中间受拉应力	出现二肋浪的带钢部位上，乳化液流量不足	工作辊曲线不准，不均匀过渡，局部膨胀等原因所致

浪形的改善或消除方法：

（1）严格把好原料关，保证来料板形。

（2）按轧制周期定期换辊。

（3）合理调节弯曲与倾斜，分段冷却：

1）通过合理调节轧辊倾斜，改善或消除单边浪。

2）对于双边浪，合理增大弯辊力，改善或消除双边浪。

3）合理减小弯辊力，改善或消除中间浪。

4）根据二肋浪产生部位，正确选择分段冷却来改善或消除二肋浪。

5.7.3.2　瓢曲

瓢曲是指带钢中间呈凸形向上或向下鼓起，切成钢板时，四角向上翘起。

（1）产生原因：

1）工作辊凸度太大，或在轧制时轧辊中间温度太高，使带钢中间延伸大于两边。

2）由于某种原因压下量变小，产生中心延伸大于两边。

3）原料瓢曲大，轧后不易消除。

4）板形调节不当。

（2）改善或消除措施：

1）合理分配辊型，正确分配压下量。

2）精心操作，勤观察板形。

3）原料横向厚度公差应尽量小。

5.7.3.3　辊印

辊印是一种常见的缺陷，各工序都能产生。一般由辊面凸凹缺陷引起，缺陷的部位确定并有周期性。酸洗辊辊印主要是金属碎块粘在张力辊表面上，又压在带钢表面上产生的，压印有规律性。轧制辊印种类比较多，但其特点是周期出现，印坑形状大小相同。

（1）辊印的形式。按缺陷特点，辊印可分为 4 种形式：

1）粘辊辊印。它是由于轧辊表面粘有金属，从而在轧制时，在带钢表面形成压印。其形状与粘有金属形式一致，多呈点状、条状或块状。当原料有破边、折叠等缺陷进入轧机，或者穿带、甩尾时，辊缝不大，带钢与轧辊接触并相对滑动，造成金属粘于轧辊表面上，称作粘辊，如不磨除干净，就在轧制时造成辊印。

2）勒辊辊印。由于压下操作不当、原料板形不良、焊缝质量差等原因，引起带钢在辊缝中出现横向窜动，带钢出现浪形并向轧机某一侧游动，甚至形成折叠，习惯上称为"轧游"。此时，把轧辊勒出深印，甚至粘辊。当勒辊出现后，带钢表面上留下印痕，即为勒辊辊印。

3）由于轧辊掉皮或轧辊裂纹引起的，在带钢表面上留下凸包和裂纹压印。

4）硌辊辊印。由于带钢尾部、破边轧入使焊缝处太厚，使工作辊局部承受很大的压下量，辊面产生低于一般辊面的硌坑。留在带钢表面上是与硌坑相应大小及形状的凸起亮印。

（2）防止这些缺陷的措施：

1）首先要保护好轧辊表面，精心操作，防止各种事故发生。

2）要特别注意热轧带钢坯料的质量，有否破边、折叠，焊缝是否良好，以防造成粘辊、勒辊、硌辊等事故。

3）要定时进行钢板表面质量检查，以便及早发现和及时处理。

5.7.3.4 裂边

裂边是常发生的缺陷，在大张力和无宽展的条件下，边部金属要强迫延伸，故容易产生边部裂口。塑性越差的金属，越易发生裂边。酸洗机组圆盘剪剪刃间隙调整不当，或剪刀磨损严重，剪边后有毛刺，轧后为锯齿边。更严重的是裂边容易造成断带，带来操作事故。裂边还减少了钢板有效宽度，降低了成材率。可用肉眼判定，不易混淆。

消除措施：

（1）提高热轧带钢边缘质量。

（2）提高操作水平，合理调整圆盘剪刃间隙，严格按周期更换剪刃。

5.7.3.5 乳化液斑

乳化液斑是由残留在带钢表面的乳化液形成的。它们随机地分布在带钢表面，形状不规则，颜色发暗。

（1）产生原因：

1）轧机出口乳化液吹扫装置吹扫效果不良。

2）乳化液含杂油量过多。

3）压缩空气质量不高。

（2）消除措施：

1）定期检查轧机出口吹扫装置，保证良好吹扫效果，保证压缩空气质量。

2）减少乳化液含杂油量。

5.7.3.6 横向波纹

横向波纹是可以贯穿带钢横向的不均匀波纹，有波浪的外形，与轧线垂直。发生横向波浪时，带钢厚度通常比波幅小。发生原因多数是因为轧机发生颤动，也可能因为轧辊加工精度差。横向波纹很容易用肉眼判定。

消除措施：

（1）严格按轧制周期更换支撑辊。

（2）提高轧辊磨削精度。

（3）严格控制来料厚度公差。

5.7.3.7　厚度不均

钢板在纵、横断面上实际厚度超出标准中规定的允许偏差值，可分为横向厚度不均和纵向厚度不均。

（1）产生原因：

1）轧机测厚仪失准，使测量误差偏大。

2）轧机压下设定及张力不合适，厚度调控不当。

（2）消除措施：

1）保证各机架测厚仪正常投入运行，按规定日期及时校对。

2）正确选择压下量、张力，经常抽查轧制后的钢板厚度尺寸。

5.7.3.8　塔形

钢卷的端面卷取不齐，一圈比一圈高，连续不断，形似小塔。

（1）产生原因：

1）卷取机对中装置失灵，带钢跑偏。

2）带钢有较大的镰刀弯。

3）板形不良，出现大边浪。

4）卷取张力设定不合适。

（2）消除措施：

1）保证对中装置正常，防止跑偏。

2）加大切头尾量，减少镰刀弯；控制好板形，减少浪形。

3）合理设定卷取张力。

4）出现塔形立即停机、分卷、重新卷取。

5.7.3.9　溢出边

带钢卷取时，端面有一圈或几圈突出。

（1）产生原因：

1）对中装置失灵。

2）板形不良，有边浪、镰刀弯等。

3）压下调整不当，变形不匀。

（2）消除措施：

维护好对中装置，保证良好工作状态。

5.7.4　罩式退火主要故障处理

罩式退火炉机组 BCU 和 MCU 显示的故障类型有 20 余项，下面是最主要、最危险的故障处理的方法。

5.7.4.1 停电

只要电源掉电超过2s，MCU及BCU就会声光报警，备用电源自动启动。除氮气/氢气排放风机和控制系统外，退火炉所有设备停止运行，退火炉保持原有状态。

通知调度室，车间和检修维护人员，并查问停电原因。密切注意各炉台运行状况，并关闭加热炉台、保温炉台的煤气开闭器。加强巡查地下室表及液压夹紧压力表，逐个查看压力是否正常。

5.7.4.2 停煤气或压力不正常

停煤气或压力不正常（主管低于9kPa），加热罩煤气安全切断阀自动切断加热炉台。与厂调联系问明停气时间和原因，如果压力不正常，通知调度要求增减压力。

如停煤气时间超过2h，现场逐个关闭煤气开闭器。

如煤气支管压力小于6kPa，及时与调度联系，提高煤气压力。若煤气压力仍升不上去，可酌情减少正在加热或保温的炉台数。停止加热或保温的炉台要记录停炉时的状态和时间，监视退火时间和吹氢时间的运行情况并做适当的补充。停炉应遵守以下原则。

（1）先停刚加热的退火炉。

（2）如果煤气压力仍低于6kPa（支管），再停退火1段的退火炉，原则是先停温度低的炉台。

（3）如煤气压力还低于6kPa（支管），再停退火2段的退火炉，原则上保温段的炉台不停。如果必须停，先停保温时间短的炉台（接近换罩时间的炉台尽可能不停）。

5.7.4.3 氮气供给故障

氮气主管压力低于500kPa或分支管氮气压力低于3.5kPa时，MCU及BCU声光报警，这种情况非常危险，如果属计划停氮气，必须提前48h通知。

炉台运行不同状态，各炉台采取不同措施：

（1）预吹扫段，低压报警，出口阀关。

（2）吹氢段至后吹扫前，低压报警，出口阀关，氢气入口阀打开保压。

（3）紧急吹扫段，低压报警，全部氢气、氮气出口阀关闭。

5.7.4.4 氢气供给故障

氢气主管压力低于900kPa时，MCU及BCU都声光报警。如果炉台处于吹氢状态，则氮气入口阀打开，氢气排放阀关，同时吹氢程序计时自动停止。假如氢气供给故障是在退火时间20h之内，则加热罩停止加热。冷却的炉台，氮气入口阀打开，保压。与厂调联系问明停氢气时间和原因，尽可能使正在加热的炉台程序执行完毕，但不安排其他炉台生产，如处于大流量吹氢状态视情况决定是否停止，停止办法可修改吹氢制度，把流量改为$1m^3/h$，等来氢气后再补偿回来。如果氢气完全停止，则确认氢气入口阀是否关闭。

5.7.4.5 停冷却水

冷却水主管压力低于450kPa，声光报警，分流冷却自动停止运行，加热罩停止加热，循环风机停止运行，事故冷却水自动启动。与调度室、车间检修人员联系，确认停水原因及时间，密切监视退火炉运行状态，不允许再点炉，根据情况决定是否进行紧急吹扫。

5.7.4.6　停压缩空气

压缩空气低于500kPa，声光报警，与厂调、车间检修人员确认停压缩空气原因及时间，压缩空气停半小时以上，通知电工，切断所有炉台循环风机供电，加热炉台关闭煤气开闭器，停止加热并通知厂调。压缩空气恢复后，逐个恢复循环风机，再逐次分批重新点炉。

复习思考题

5-1　冷轧板带钢的一般生产工艺流程是什么？

5-2　冷轧带钢生产有哪些工艺特点？

5-3　冷轧时为什么要进行工艺冷却和工艺润滑？

5-4　冷轧板带的工艺制度如何确定？

5-5　极薄带材轧制有什么特点？

5-6　多辊轧机有哪些基本类型？

5-7　电镀锡的生产工艺流程是怎样的？

5-8　有机涂层板有哪些生产方法？

5-9　酸洗缺陷有哪些，怎样预防与处理？

5-10　冷轧带钢轧制中堆拉钢怎样处理？

5-11　冷轧板带轧制缺陷有哪些，缺陷怎样处理？

5-12　罩式退火容易出现哪些故障，怎样处理？

6 板带钢高精度轧制

6.1 厚度控制

6.1.1 板带钢厚度波动的原因

带钢厚差主要取决于精轧机组。为了更好地消除带钢厚度偏差（以下简称为厚差），需对其产生的原因进行分析，以便针对不同的原因采取不同的对策。

造成带钢厚差的原因可以分为四大类：

（1）由带钢本身参数波动造成，这包括来料头尾温度不匀、水印、来料厚度宽度不均以及化学成分偏析等。对同一根带钢，其厚度变化如图 6-1 所示。

（2）由轧机参数变动造成，包括支撑辊偏心、轧辊热膨胀、轧辊磨损以及轴承油膜厚度变化等。

（3）由张力变动造成，包括头部建张、尾部失张及活套冲击等。

（4）由速度变化造成，速度变化影响摩

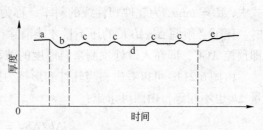

图 6-1　厚度变化曲线

a—头部设定精度及建张；b—活套起套冲击；

c—加热炉黑印；d—全长温度变化；

e—尾部张力消失

擦系数和变形抗力，进而影响轧制力大小。

6.1.2　板带钢厚度控制方法

实际生产中为提高板带钢厚度精度，采用了各种厚度控制方法。

（1）调压下（改变原始辊缝）。调压下是厚度控制最主要的方式，常用以消除由影响轧制压力的因素所造成的厚度差。图 6-2(a) 所示为板坯厚度发生变化，从 h_0 变到 $h_0 - \Delta h_0$，轧件塑性变形线的位置从 B_1 平行移动到 B_2，与轧机弹性变形线交于 C 点，此时轧出的板厚为 h_1'，与要求的板厚有一厚度偏差 Δh。为消除此偏差，相应地调整压下，使辊缝从 S_0 变到 $S_0 + \Delta S_0$，亦即使轧机弹性线从 A_1 平行移到 A_2，并与 B_2 重新交到 E' 点，使板厚恢复到 h。

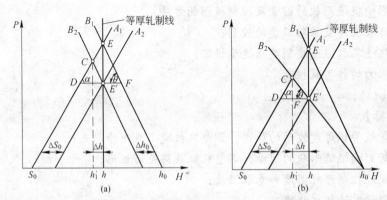

图 6-2　调整压下改变辊缝控制板厚原理图

（a）板坯厚度变化时；（b）张力、速度、抗力及摩擦系数变化时

图 6-2(b) 是由于张力、轧制速度、抗力及摩擦系数等的变化而引起轧件塑性线斜率发生改变，同样用调整压下的办法使两条曲线重新交到等厚轧制线上，以保持板厚不变。

由图 6-2(a) 可以看出，压下的调整量 ΔS 与料厚的变化量 Δh 并不相等，由图可以求出：

$$\Delta S = \Delta h_0 \tan\theta / \tan\alpha = \Delta h_0 M/K \tag{6-1}$$

式中，$M = \tan\theta$，为轧件塑性线的斜率，称为轧件塑性刚度。上式说明，当来料厚波动 Δh 时，压下必须调 $\Delta h_0 M/K$ 的压下量才能消除产品厚度的偏差。这种调厚原理主要用于前馈即预控 AGC，即在入口处预测来料厚度的波动，以此调整压下，消除其影响。

由图 6-2(b) 可以看出，当轧件变形抗力发生变化时，压下调整量 ΔS_0 与轧出板厚变化量 Δh 也不相等，由图可求出：

$$\Delta h / \Delta S_0 = K/(M + K)$$

$\Delta h / \Delta S_0$ 是决定板厚控制性能好坏的一个重要参数，称为压下有效系数或辊缝传递函数，常小于1。轧机刚度 K 愈大，其值愈大。

近代较新的厚度自动控制系统，主要不是靠测厚仪测出厚度进行反馈控制，而是把轧辊本身当作间接测厚装置，通过所测得的轧制力计算出板带厚度来进行厚度控制，这就是所谓的轧制力 AGC 或厚度计 AGC。其原理就是为了厚度的自动调节，必须在轧制力 P 发生变化时，能自动快速调整压下（辊缝）。可由 P-h 图求出轧制压力 P 的变化量 ΔP 与压下调整量 ΔS_0 之间的关系式为：

$$\frac{\Delta S_0}{\Delta P} = -\frac{1}{K}\left(1 + \frac{M}{K}\right) \tag{6-2}$$

由于 P 增加，S_0 减小，即 ΔP 为正时，ΔS_0 为负，因此符号相反。

同样，预控 AGC 根据测出的入口厚度偏差 ΔH，确定为了消除 ΔH 所应采取的 ΔS 值，它可由 P-h 图推导求得为：

$$\Delta S = \Delta H M / K$$

但是，如果轧件变形抗力很大，即 M 很大，而轧机刚度 K 又不大时，则通过调压下来调厚的效率就很低。因此，对于冷连轧薄钢板的最后几机架，为了消除厚差，调压下就不如调张力效率大，响应快。此外调压下对于轧辊偏心等高频变化量也无能为力。

（2）调张力，即利用前后张力来改变轧件塑性变形线 B 的斜率以控制厚度（图 6-3）。例如，当来料有厚差 δH 时，便可以通过加大张力，使 B_2 斜率改变（变为 B_2'），从而可以在 S_0 不变的情况下，使 h 保持不变。这种方法在冷轧薄板时用得较多。热轧中由于张力变化范围有限，张力稍大即易产生拉窄、拉薄，使控制效果受到限制，故热轧一般不采用张力调厚。但有时在末机架也采用张力微调来控

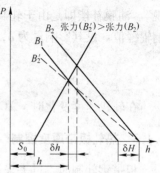

图 6-3　调张力控制厚度原理图

制厚度。采用张力厚控法的优点是响应性快，因而可以控制得更为有效和精确；缺点是对热轧带钢和冷轧较薄的品种时，为防止拉窄和拉断，张力的变化不能过大。因此，目前即使在冷轧时的厚度控制上往往也并不倾向于单独应用此法，而采用调压下与调张力相互配合的联合方法。当厚度波动较小，可以在张力允许变化范围内能调整过来时则采用张力微调，而当厚度波动较大时则改用调压下的方法进行控制。这就是说，在冷连轧中，张力厚控也只适用于后几机架的精调 AGC。

（3）调轧制速度。轧制速度的变化影响张力、温度和摩擦系数等因素的变化，故可以通过调速来调张力和温度，从而改变厚度。例如，近年来新建的热连轧机，都采用了"加速轧制"与 AGC 相配合的方法。加速轧制的目的，是为了减小带坯进入精轧机组的首尾温度差，以保证终轧温度一致，从而减小因首尾温度差所造成的厚度差。

根据实际轧制情况的不同，可采用各种不同的厚度控制方案。在实际生产中为了达到精确控制厚度的目的，往往是将多种厚控方法有机地结合起来使用，才能取得更好的效果。其中最主要、最基本、最常用的还是调压下的厚度控制方法，特别是采用液压压下，大大提高了响应性，具有很多优点。近年来广泛地应用带有"随动系统"（采用伺服阀系统）的轧辊位置可控的新液压压下装置，利用反馈控制的原理实现液压自动调厚。值得指出的是，近年发展的电气反馈液压压下系统，除具有上述定位和调厚的功能以外，还可通过电气控制系统常数的调整来达到任意"改变轧机刚度"的目的，从而可以实现"恒辊

缝控制"，即在轧制中保持实际辊缝值 S 不变，也就保证了实际轧出厚度不变。这种厚控方法目前在热连轧中还用得不多，但在冷轧带钢中，由于轧辊偏心运转对厚差影响较大，不能忽视。为了消除这种高频变化的厚度波动，必须采用液压厚控系统。

前面提到的用厚度计的方法测量厚度，虽然避免了时间上的滞后，提高了灵敏度，但它对某些因素，例如，油膜轴承的浮动效应、轧辊偏心、轧辊的热膨胀和磨损等，却难以检测出来，从而会使结果产生误差。因此，实际生产中都是两种方法同时并用，亦即还必须采用 X 射线测厚仪来对轧制力 AGC 不断进行标定或"监控"。换句话说，为了提高测厚精度，在弹跳方程中还需增加几个补偿量，这主要是轧辊热膨胀与磨损的补偿和轴承油膜的补偿。轧辊热膨胀和磨损所带来的辊缝变化用 G 表示，这可以利用成品 X 射线测厚仪所测得的成品厚度，以及利用由此实测成品厚度按秒流量相等原则所推算出的前面各机架的厚度，把它们和用厚度计方法所测算出的各机架厚度值进行比较，从而求得各机架的 G 值。因此，可以把这种功能称为"用 X 射线测厚仪对各架轧机的 AGC 系统进行标定和监视"。油膜补偿即是由于轧制速度的变化使支撑辊油膜轴承的油膜厚度发生变化，最终影响辊缝值。设其影响量为 δ，则最终轧出厚度应为：

$$h = S_0 + \frac{P - P_0}{K} - \delta - G$$

在轧机速度变化时，AGC 系统应根据此式对所测厚度进行修正。

6.1.3 热轧板带厚度控制

板带钢轧制时，过去采用模拟系统进行厚度控制，已经取得较好的成效。近年来，由于计算机技术的飞跃发展，又为直接采用数字控制的厚控系统（DDC-AGC）提供了条件。而采用 DDC-AGC 以后，便可以采取多种类的控制方式，将预控、反馈调节等结合起来，以适应不同的要求，提高控制效果；采用 DDC-AGC 还有可以消除模拟系统的飘移，易于组成非线性控制，采样控制等控制的逻辑结构等优点。因而，由于 DDC-AGC 的采用，板带钢的厚度控制技术达到更高水平的新阶段。

这种 AGC 控制系统主要是以轧制力 AGC 为基础。轧制力 AGC 的动态响应好，若再加上油膜校正、轧机刚度校正以后，可得到较高的精度。根据轧制力的实测值可以对后面的机架进行预控，也可以变成本机架的反馈控制。为了提高板厚精确度，还采用 X 射线测厚仪反馈控制（监控）。这种反馈系统传输的纯滞后大，通常采取采样控制方式。

鉴于带钢热连轧机的厚度自动控制技术较厚板轧机更为普遍、全面且成熟，故在此主要以热带连轧机为例介绍厚度控制问题。某 1700 mm 热连轧精轧机组厚度自动控制系统及其方框图如图 6-4 及图 6-5 所示。在精轧机组操作室，操作人员可以选择每个精轧机座的下列控制：

机架	F_1	$F_2 \sim F_6$	F_7
控制方式	AGC 切除，轧制力 AGC	AGC 切除，轧制力 AGC，预控 AGC	AGC 切除，轧制力 AGC，液压 AGC，张力微调 AGC

除上列控制功能以外，厚度自动控制系统还有自动压下复位、尾端补偿及 X 射线测厚仪监

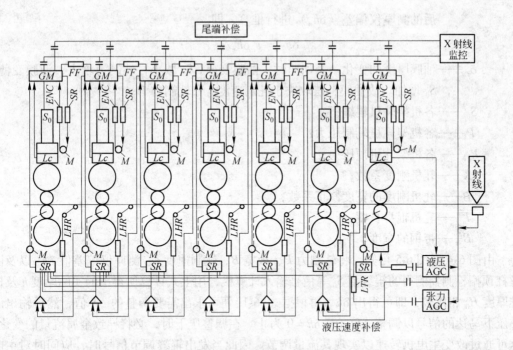

图 6-4 热连轧精轧机组 AGC 系统示意图

GM—厚度计控制；FF—前馈控制；ENC—编码器；Lc—测压头；SR—速度调节器；

M—电动机；LHR—活套高度调节器；LTR—活套张力调节器

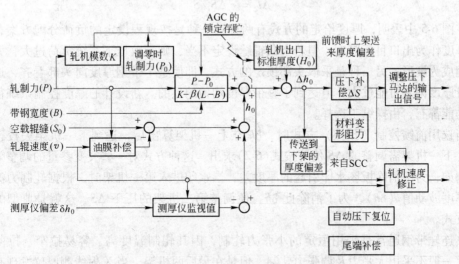

图 6-5 热连轧精轧机组 AGC 系统方框图

视控制的附加功能。

由前节所述，可知各机架轧出厚度为：

$$h_i = S_{0i} + \frac{P_i - P_{0i}}{K - \beta(L - B)} - \delta_i - G_i$$

式中 G_i ——轧辊热膨胀及磨损值等对 i 道辊缝影响，相当于辊缝的飘移。可利用末机架

后的测厚仪偏差（δh_n）进行推算，即

$$\delta h_i = v_n \delta h_n / v_i$$

δ_i ——油膜厚度的变化。当加速时，油膜变厚，S_0 减小，轧制力增大，油膜变薄，S_0 增加。故油膜补偿取决于轧制速度 v 和轧制力 P；

S_{0i} ——各机架轧机辊缝；

P_i ——各机架轧机轧制压力；

P_{0i} ——各机架轧机预压力；

K ——轧机刚度系数；

β ——轧机刚度的宽度修正系数；

L ——轧机辊身长度；

B ——带钢的宽度。

由图 6-4 及图 6-5 可知，将轧制力 P、板宽 B、轧制速度 v、测厚仪偏差值 δh_n 以及由丝杠顶帽检测器测得的辊缝值 S_0 等信号输入计算机，用上式计算所得出的实际厚度 h 及标准厚度 H_0 相比较，即可得出 δh。再根据式(6-1)便可求出需要调整的 ΔS 值，然后输出调整压下马达的信号以调整 ΔS 直至 $\delta h = 0$ 为止。在调整压下时，必将导致金属流量的变化，这可通过改变主电机转速以实现其流量调节。因此当发出辊缝调节信号时，应同时对主电机发出相应的速度调节信号，以保持张力不变。这可根据 ΔS 直接由下式求出需要调整的轧制速度 Δv：

$$\Delta v = v_i \Delta S_i / S_i$$

在图 6-5 中表明，厚度给定的方式有两种：一种是按规程设定的负荷分配方案，以设定的厚度作为出口目标厚度，但若空载辊缝设定不当，则导致压下系统负荷过大，并容易使带钢成为楔形；另一种是采取头部锁定的方式，即使整个带钢厚度向头部看齐，这样虽然整带厚度偏差可能过大，但达到了整带厚度均匀的目的。新设计的厚度控制系统往往这两种功能都有，由操纵工选择。

当选用前馈控制（预控）方式时，δh 在上一机架算出后，送到下一机架去校正厚度偏差，下一机架需调整的 ΔS 值可按式(6-2)求出。这种方式对一些突变参量的调整效果最好。例如，为了消除板坯水印引起的厚度差，当水印进入第一机架时，根据轧制力波动值算出厚度波动值（δh），为了消除此 δh，便调整第二机架的压下 ΔS。这就是典型的前馈控制方式。

热连轧带钢通常是采用恒定的小张力轧制，因其轧制温度高、容易拉窄、拉薄或控断，故一般不采用大张力及调张力轧制。但是在最后两机架，当 X 射线测厚仪发现有微小偏差时，也可以采取张力微调的办法，即调整最后两机架之间的活套张力以修正带钢的出口厚度。

最后一个机架（F_7）还设有液压 AGC，这就是利用液压压下（上推）控制系统进行厚度控制。液压压下系统中采用精度很高的电液伺服阀，能根据位置检测和压力检测所发出的微弱电信号，精确地控制流入油缸的流量，从而控制轧机的辊缝和轧出的板带厚度偏差。

在液压 AGC 控制系统中，存在一个轧机刚度选择问题，这即是轧机刚度可以通过改

变辊缝来加以变化和控制，称为等效轧机刚度。

通常对于因来料厚度波动或其力学性能不均等所引起的板厚偏差，要求轧机刚度愈大愈好，刚度愈大，刚出口板厚偏差愈小，但对于另外一些因素如轧辊偏心，则是刚度愈小，其出口板厚偏差反而会降低。由此可见，轧制过程有时需要刚度大，有时需要刚度小，即是需要有可变刚度的轧机。但是轧机的结构确定之后，轧机的原始刚度是一定的。因此，所谓轧机可变刚度，是利用不同的辊缝改变量抵消因轧制力所引起的轧机弹性变形的一部分或全部，这就相当于轧机刚度可变。其控制原理如图6-6所示。

由图6-6可见，当来料有 ΔH 的厚差时，将辊缝调整 ΔS_{01} 值，便使出口板厚偏差全部消除；若只调整 ΔS_{02} 值，则出口板厚尚有 Δh_2 的偏差；当不调辊缝时，则有 Δh_4 的偏差。当辊缝调大 ΔS_{03} 时，出口板厚偏差为 Δh_3。因此，不同的辊缝改变值，所得的出

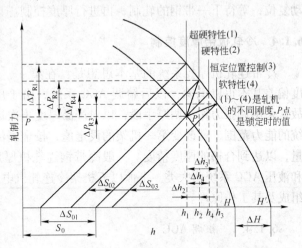

图 6-6 轧机刚度可变控制原理

口板厚偏差也不同，这样就相当于改变了轧机刚度。此时出口板厚偏差的计算式为：

$$\Delta h_i = \frac{\Delta P_R}{K} - C_p \Delta h = \frac{\Delta P_R}{K} - C_p \frac{\Delta P_R}{K} = \frac{\Delta P_R}{K}(1 - C_p) = \frac{\Delta P_R}{K_e}$$

式中，$C_p \Delta h$ 或 $C_p \dfrac{\Delta P_R}{K}$ 为辊缝调整值；$K_e = \dfrac{K}{1 - C_p}$ 为等效轧机刚度，改变系数 C_p，即可改变刚度。

当 $C_p = 1$ 则 $K_e = \infty$，即相当于轧机刚度为无穷大，称为恒辊缝轧制，即轧机的弹性变形全部可由液压上推油缸进行补偿，这是超硬特性。当 $C_p = 0$，则 $K_e = K$，即辊缝不作调整，以轧机的固有刚度进行轧制，称为位置恒定控制；当 $C_p = -1$，则 $K_e = \dfrac{K}{2}$，则不缩小辊缝，反而进一步扩大辊缝，相当于轧机刚度比固有的轧机刚度低了，称为软特性。F_7 机架液压推上装置的各控制方式见表6-1。表中所列四种控制方式，由操作人员根据具体情况来选择。

表 6-1 F_7 机架液压推上装置的各种控制方式

控制方式	系数 C_p	等效轧机刚度 K_e /t·mm^{-1}	设定值 /t·mm^{-1}	备 注
恒辊缝 （超硬特性）	1 0.8～0.9	$K_e = \infty$ $K_e = 2500$	3000	为了稳定 $C_p = 0.8 \sim 1$
硬特性	$(0 < C_p < 1)$ 0～0.8	$K_e = 500 \sim 2500$	1400	硬特性轧机
位置恒定	0	$K_e = K = 500$		为轧机固有刚度
软特性	(<0) -1.5	$K_e = 200 \sim 500$	350	软特性轧机

为了消除带钢尾端因张力消失而引起的变厚现象，须进行尾端补偿。这就是当带钢尾部离开第一机架，尾部张力消失时，测量第二机架的轧制力，据以算出尾部的厚度，再减去原有张力时的厚度，便得到第二机架出口的增厚量（δh_2），于是便根据计算调整第三机架压下（ΔS_3），来消除尾部的增厚。带钢尾端出各机架之后，各机架的压下螺丝应该自动复位，等待下一带钢的轧制，再进行厚度控制。自动压下复位由自动位置控制来完成。

6.1.4 冷轧板带厚度控制

冷带连轧机厚控系统的基本思想是：在第一、二机架设粗调 AGC 系统，保证来料厚度偏差基本得以消除；以后精调 AGC 系统，由于压下效率低，而且要保证良好的板形，故常采用调张力作为调厚手段，以对产品厚度再次进行精确控制，如果误差超出了精调系统的能力范围，就改变第一机架的设定值，按金属流量相等的原则重新分配各机架的压下量，以达到合格的厚度精度。一般冷带钢连轧机厚度自动控制系统可分为电动 AGC 系统和液压 AGC 系统两大类。下面以五机架冷连轧机电动 AGC 为例，说明其 AGC 系统的基本组成及其工作原理。

6.1.4.1 粗调 AGC

粗调 AGC 一般由第一机架前的入口测厚仪，第一、二机架的轧制力 AGC，及第二（或第一）机架出口处的测厚仪所组成（见图6-7）。入口测厚仪用来检测来料的厚度偏差（ΔH），以此 ΔH 信号来对第一、二机架的压下实行前馈控制。出口测厚仪则用于不断修

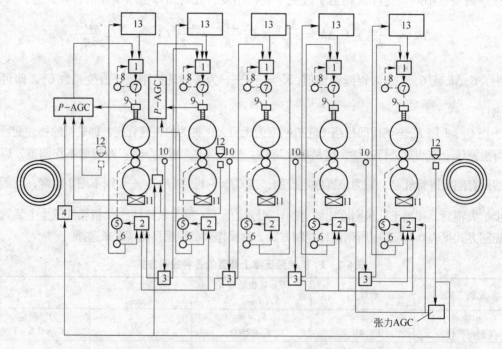

图6-7 5 机架冷连轧厚度控制系统（电动 AGC）（轧制方向自左至右）

1—压下电机速度调节器；2—主电机速度调节器；3—张力极限控制器；4—监视 AGC；

5—主电机；6，8—测速机；7—压下电机；9—辊缝测量仪；10—张力辊；

11—测压仪；12—测厚仪；13—加、减速补偿系统

正即不断标定第一、二机架的轧制力 AGC 系统，以提高其控制精度，起着监控的作用，这种过程及原理和热带连轧机的厚控系统是相似的。冷连轧机的粗调系统担负着很重要的任务，是整个冷连轧厚控系统的重要组成部分。因为根据秒流量相等原则，以后各机架厚度 $h_i = \dfrac{v_2}{v_i} h_2$，精调系统要以第二或第一架出口厚度（$h_2$ 或 h_1）作为标准，通过调节速度比 v_2/v_1，亦即调节张力来保证 h_i 的数值。因此，希望通过粗调系统的控制，基本上消除来料的厚度不均，得到比较均匀的 h_2 或 h_1，以保证最终成品的精度。

6.1.4.2　精调 AGC

精调 AGC 是由第 5 机架后的测厚仪及第 4、5 机架组成的带钢精调系统。由于电动压下反应速度比较慢，加之压下效率也较低，且须考虑板形的影响，故精调 AGC 一般采用张力作为调节手段，此时由成品机架出口测厚仪发出信号来反馈控制 3～4 及 4～5 机架之间的张力。由于张力调节范围有限，当板厚差较大时，须将偏差信号补充反馈给粗调 AGC 系统。

6.1.4.3　张力补偿及加、减速补偿

带钢头部穿带和尾部轧制时，张力逐渐建立和逐渐消失，此时与热连轧尾端相似，必须调整各机架辊缝来补偿头尾厚差。冷轧带钢头尾增厚的长度一般都相当大，除与头尾张力变化有关以外，还和加速及减速时的速度变化有关。速度的变化引起摩擦系数 μ 和油膜厚度 δ 的变化，导致加速、减速阶段厚度的变化比较大（见图 6-8）。如果等到速度变化产生厚差以后再用 AGC 进行调整，则必将加重 AGC 系统的负荷，故冷连轧时一般还采用了根据轧速来调整各机架辊缝的附加系统，称为加速和减速厚度补偿系统，实际上是速度程序控制。由于摩擦系数不容易确定，故可用计算机来统计厚度变化，找出本轧机各种轧制条件下摩擦系数的影响规律或厚度变化规律，以确定不同产

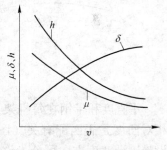

图 6-8　μ、δ 及 h 与
v 变化的关系

品在不同轧制条件下的速度程序控制关系，然后按此关系随速度的降低不断移动压下来减小其影响。也可以低速时采用较大的张力，随速度升高而逐渐减小其影响。还可以低速时采用较大的张力，随速度升高而逐渐减小张力，最后使之达到恒定。

6.2　板形控制

6.2.1　板形及良好板形条件

实际上，板形是指成品带钢断面形状和平直度两项指标，断面形状和平直度是两项独立指标，但相互存在着密切关系。

带钢断面形状对于不同用途的成品有着不同要求，作为冷轧原料的热带卷，要求有一定凸度，而成品热带卷则希望断面接近矩形。

图 6-9 给出了断面厚度分布的实例，其中包括边部减薄和微小楔形。

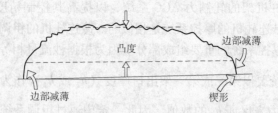

图 6-9　断面形状

在实际控制中，为了简单，往往以其特征量——凸度为控制对象。出口断面凸度

$$\delta = h_c - h_e$$

式中　h_c——板带（宽度方向）中心的出口厚度；

　　　h_e——带钢边部厚度，由于存在边部减薄，一般取距实际带边 40mm 处的厚度。

为了确切表述断面形状，可以采用相对凸度 $CR = \delta/h$ 作为特征量（h 为宽度方向平均厚度），考虑到测厚仪所测的实际厚度为 h_e 或 h_c，也可以用 δ/h_e 或 δ/h_c 作为相对凸度。

平直度一般是指浪形、瓢曲或侧弯的有无及存在程度（图 6-10）。

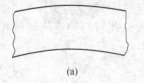 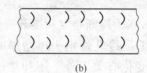 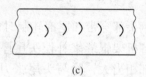

（a）　　　　　　　　　　　（b）　　　　　　　　　　（c）

图 6-10　平直度
（a）侧弯；（b）边浪；（c）中浪

平直度和带钢在每机架入口与出口处的相对凸度是否匹配有关（图 6-11）。如果假设带钢沿宽度方向可分为许多窄条，对每个窄条存在以下体积不变关系（假设不存在宽展）。

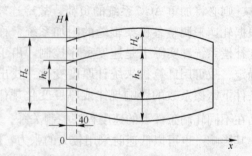

$$\frac{L(x)}{l(x)} = \frac{h(x)}{H(x)}$$

图 6-11　入口和出口断面形状

式中　$L(x)$，$H(x)$——入口侧 x 处窄条的长度和厚度；

　　　$l(x)$，$h(x)$——出口侧 x 处窄条的长度和厚度。

经过推导，良好平直度的条件为：

$$\frac{\delta}{h} = \frac{\Delta}{H}$$

即在来料平直度良好时，入口和出口相对凸度相等，这是轧出平直度良好的带钢的基本条件。

上面所述的相对凸度恒定为板形良好条件的结论，对于冷轧来说是严格成立的。对于热连轧由于前几个机架轧出厚度尚较厚，轧制时还存在一定的宽展，因而减弱了对相对凸度严格恒定的要求。图6-12给出不同厚度时轧件金属横向及纵向流动的可能性，图中热连轧存在三个区段：

（1）轧件厚度小于6mm左右时不存在横向流动，因此应严格遵守相对凸度恒定条件以保持良好平直度。

（2）6~12mm为过渡区，横向流动由0%变到100%。此处100%仅意味着将可以完全自由地宽展。

（3）12mm以上厚度时相对凸度的改变受到限制较小，即不会因为适量的相对凸度改变而破坏平直度，因此将会允许各小条有一定的不均匀延伸而不会产生翘曲。为此Shohet等人曾进行许多试验，并由此得出图6-13所示的Shohet和Townsend临界曲线。

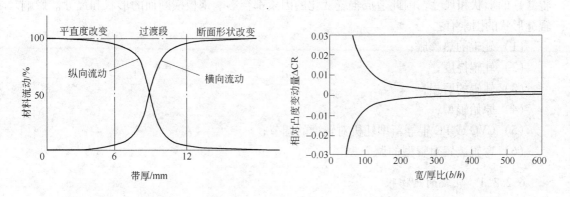

图6-12　横向流动的三个区段　　　　　　图6-13　Shohet及Townsend的
　　　　　　　　　　　　　　　　　　　　　　　　ΔCR允许变化范围的曲线

上部曲线是产生边浪的临界线，当ΔCR处在曲线的上部时将产生边浪。下部曲线为产生中浪的临界线。

此曲线限制了每个道次能对相对凸度改变的量，超过此量将产生翘曲（破坏了平直度）。

正因如此，对带钢凸度的纠正只能在F_2或F_3进行，否则将破坏带钢平直度。

6.2.2　板形的表示方法

板形的定量表示法有多种，较为实用的有：

（1）波形表示法。这一方法比较直观（图6-14）。带钢翘曲度λ表示为

$$\lambda = \frac{R_\gamma}{l_\gamma} \times 100\%$$

式中　R_γ——波幅；

　　　　l_γ——波长。

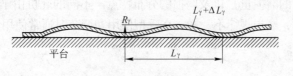

图6-14　波形表示法

（2）残余应力表示法。宽度方向上分成许多纵向小条只是一种假设，实际上带钢是一整体，也就是"小条变形是要受左右小条的限制"，因此当某"小"条延伸较大时，受到左右小条影响，将产生压应力，而左右小条将产生张应力。这些压应力或张应力称为内应力，带钢塑性加工后的内应力称为残余应力。

理论上残余应力将使带钢产生翘曲（浪形），实际上，由于带钢自身的刚性，只有当内部残余应力大于某一临界值后，才会失去稳定性，使带钢产生翘曲（浪形）。此临界值与带钢厚度、宽度有关。

6.2.3　影响辊缝形状的因素

如若忽略轧件本身的弹性变形，钢板横断面的形状和尺寸，取决于轧制时辊缝（工作辊缝）的形状和尺寸，因此造成辊缝变化的因素都会影响钢板横断面的形状和尺寸。影响辊缝形状的因素有：

（1）轧辊的热膨胀；

（2）轧辊挠度；

（3）轧辊的磨损；

（4）原始辊型；

（5）CVC 或 PC 辊等新型轧机对辊型的调节；

（6）弯辊装置对辊型的调节。

6.2.3.1　轧辊的热膨胀

轧制时高温轧件所传递的热量，由于变形功所转化的热量和摩擦（轧件与轧辊、工作辊与支撑辊）所产生的热量，都会引起轧辊受热而使之温度增高。相反，冷却水、周围空气介质及轧辊所接触的部件，又会散失部分热量而使之温度降低。在轧制中沿辊身长度方向上，轧辊的受热和散热条件不同，一般是辊身中部较两侧的温度高，因而辊身由于温度差产生一相对热凸度。

6.2.3.2　轧辊挠度

在轧制压力的作用下，轧辊要发生弹性变形，自轧辊水平轴线中点至辊身边缘 $L/2$ 处轴线的弹性位移，称为轧辊的挠度。热轧钢板时当轧件厚度较大，而轧制力不太高时，只考虑轧辊的弹性弯曲；而轧件较薄轧制力又很大时，还要考虑轧辊的弹性压扁。

6.2.3.3　轧辊的磨损

在轧制中工作辊与支撑辊均将逐渐磨损（后者磨损较轻），轧辊磨损使辊缝形状变得不规则。影响轧辊磨损的主要因素是工作期内实际磨耗量（或轧辊凸度的磨损率，即轧制每张或每吨钢板轧辊凸度的磨损量）以及磨损的分布特点。不同的轧机由于轧制品种、规格及生产次序、批量的不同，磨损规律不一样，在辊型使用和调节时通常使用其统计数据。

6.2.3.4　原始凸度

轧辊磨削加工时所预留的凸度为磨削凸度，又称原始凸度。一般轧机在工作之初总要赋予轧辊一定的凸度,正或负,这样,就可以在原始凸度、热凸度、轧辊挠度的共同作用下,保证一定的辊缝凸度,最终得到良好的板形。

6.2.4 板形控制的手段

原则上,凡是对板形有显著影响,且可以灵活调节的因素,均可作为板形控制手段。下面介绍典型的板形控制手段。

6.2.4.1 液压弯辊

液压弯辊是通过向工作辊或支撑辊轴承座施加液压弯辊力,来瞬时改变轧辊的有效凸度或挠度,从而改变工作辊缝形状和轧后带钢的延伸沿横向的分布。只要根据具体的工艺条件来适当地选择液压弯辊力,就可达到改善板形的目的。

如图6-15所示,液压弯辊有正弯、负弯工作辊,正弯、负弯支撑辊,以及正弯、负弯中间辊。图中 P 为轧制压力, F 为弯辊力。有的机架上既有工作辊弯辊装置,也有中间辊弯辊装置,既有正弯辊装置,也有负弯辊装置。正弯时,弯辊力使轧辊弯曲方向与轧制力使轧辊弯曲方向相反,工作辊缝凸度减小;负弯时,弯辊力使轧辊弯曲方向与轧制力使轧辊弯曲方向相同,工作辊缝凸度增大。正弯可以防止双边浪,负弯工作辊可以防止中浪。正弯工作辊时,弯辊液压缸可以位于工作辊轴承座、支撑辊轴承座或牌坊的凸缘内。为了避免换辊时装拆向液压缸输送高压油的管路接头,使轴承座结构简化,多采用的是弯辊液压缸位于牌坊的凸缘内的形式,但这种方式弯辊时压下螺丝受力会增加,引起轧出厚度增加。负弯工作辊时,弯辊液压缸一般位于支撑辊轴承座内,在抛钢、穿带、断带时,仍需要接通正弯液压缸对工作辊施以平衡力,以保证上辊平衡,防止轧件咬入和抛出时对轧辊的剧烈冲击,因此负弯工作辊比正弯工作辊用的较少。

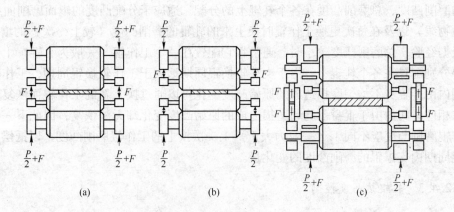

图6-15 液压弯辊装置的类型
(a)正弯工作辊;(b)负弯工作辊;(c)正弯支撑辊

支撑辊弯辊力不是施加在轧辊轴承座上,而是施加在支撑辊轴承座之外的轧辊延长部分上,可以同时调整纵向和横向的厚度差,类型有多种。图6-15(c)是正弯支撑辊,它是在上下两个支撑辊轴承座之间装入液压缸,同时使两个支撑辊弯曲,弯辊力将转化为轧制负荷，称为门式弯辊装置。

　　弯曲支撑辊比弯曲工作辊能提供较大的挠度补偿范围，且由于弯曲支撑辊时的弯辊挠度曲线与轧制压力产生的挠度曲线基本相符，弯曲支撑辊比弯曲工作辊更有效。弯曲支撑辊用于工作辊 $L/D \geq 4$ 的宽板轧机，多用于厚板轧机。

　　液压弯辊是一种无滞后的板形控制手段，主要用来控制对称性的板形缺陷，是最常用、最基本的板形控制手段。但对于普通单轴承座工作辊弯曲装置（WRB），由于受到轴承座结构和尺寸、轴承的承载能力、辊颈强度以及油源最大压力的限制，液压缸数目和尺寸、压力不能完全满足板形控制的需要，特别是更换产品规格时。此外，弯辊对于轧制薄规格的产品，尤其是对于控制"二肋浪"等作用不大，有时还会影响轧出厚度。因此液压弯辊需要与其他控制手段结合使用。

　　双轴承座工作辊弯曲装置（DC—WRB）是对普通单轴承座工作辊弯曲装置（WRB）的改进，其特点是将工作辊每侧轴承座一分为二，靠近辊身一侧的称为内轴承座，另一侧的称为外轴承座。两个轴承座分别由各自的液压缸施加弯辊力，内侧缸用作平衡缸，保持压力不变；外侧缸一般用作弯辊缸，以外侧缸压力为零（而不是以平衡压力）的状态为基准状态，设计轧辊磨削凸度，利用外侧缸实现正负弯。这种弯辊装置加长了弯曲力臂，可以在增大弯辊力的同时，增大弯曲力矩。可单独控制内外轴承座承载的大小和方向，通过内外侧轴承座上弯辊力的不同组合，扩大正弯范围。

6.2.4.2　磨削凸度

　　轧辊原始辊型是指通过车削、磨削轧辊，在辊身上加工出具有一定凸（凹）度的轮廓曲线，通常用辊身凸度，即磨削凸度（或原始凸度）表示。磨削凸度主要是用来抵偿稳定轧制条件下（热凸度已稳定下来）轧辊热凸度和由于轧制力产生的挠度对板形的不利影响。辊型设计的内容就是根据所轧产品（主要是宽度和变形抗力）的不同，确定各机架轧辊总的磨削凸度、总磨削凸度在各个轧辊上的分配、适应于分配凸度的辊面磨削曲线（常见为抛物线）以及在每次更换工作辊时换上来的轧辊的磨削凸度（较上一次）的增量。

　　根据经验，总磨削凸度较小时，通常将它配置在一个工作辊（一般为上辊）上；较大时，要分别配置在各个轧辊上。由于支撑辊换辊周期远大于工作辊换辊周期，工作辊在换辊周期内由于辊身不均匀磨损造成的原始凸度变化可以通过换上新的工作辊而恢复，但支撑辊在相应时间内由于辊身不均匀磨损造成的原始凸度变化却无法恢复，因此下一次换上的工作辊磨削凸度应不同于（一般为大于）上一次换上的工作辊磨削凸度，以抵偿在工作辊换辊周期内支撑辊的磨削凸度的变化量。

6.2.4.3　轧辊热凸度控制

　　轧辊热凸度控制有轧辊分段冷却、局部强力冷却和局部感应加热，常见的是分段冷却。轧辊分段冷却是将轧辊的冷却水（或冷却液）喷嘴分成各段，通过调整其中某段对应的阀门开口度（或开闭）调节该段冷却水（液）流量、压力，以加大或减小该段对应的轧辊辊身的冷却强度，例如某1700mm五机架冷连轧机第1~4架分成三段，中间段喷嘴数为7，两侧每段喷嘴数为5，第5机架为了更精密控制，分成五段，中间段喷嘴数为7，两侧3段喷嘴数为3。

需要注意的是，在减小水量时，水量不能小于极限值，以免工艺润滑和冷却不良。

当带钢某处发生局部浪时，用其他方法，如液压弯辊，是没有效果的，此时，有一工厂采用大功率喷嘴将 5～30℃（高于冷却液的温度）的冷水以 30L/min 的流量向该处喷射，经 3～4min 即可见到效果，10min 后热凸度稳定下来。

热凸度控制可以加速开轧时热凸度的形成（适当减小中间段水量），能使轧辊热凸度按轧制规程的新的要求而改变，可使工作辊缝形成合理的一次谐波的形状，可以控制复合浪、局部浪等较复杂的、液压弯辊无能为力的二次谐波板形缺陷，但改变轧辊热凸度的速度很慢，见效慢，使带钢在较长一段距离内产生板形缺陷。

6.2.4.4 轧辊倾斜调整

轧辊倾斜调整就是一侧辊缝不变，调整另一侧辊缝，这种手段能控制镰刀弯、单边浪等非对称性板形缺陷。

6.2.4.5 轧制规程在线修正、轧制计划的合理编制和动态负荷分配

轧制规程在线修正是根据出现的板形缺陷的不同，通过改变压下量、后张力和液压弯辊力来消除。比如产生边浪时，可以减小压下量，降低轧制力，以减小轧辊挠度。但是，降低轧制力一定时间后，轧辊热凸度可能会减小，又有可能产生边浪，为了改善板形，又需要降低轧制力，这样经过反复调节才能得到稳定的良好板形。在此过程中，压下量变化太大，调节时间太长。因此，利用压下量调整板形只可作为一个应急措施。

张力也会影响轧辊热凸度、轧制压力，其分布会影响金属横向流动，有使延伸均匀的作用，发生边浪时也可加大后张力。

一般来说，在特定的轧制规程下，板形工艺参数是依据稳定的热凸度和磨削凸度为零来设计的，但由于下述 3 个方面原因，实际凸度偏离上述的稳定热凸度值。一是轧机停轧一段时间又重新开动时，轧辊热凸度很小，即使通过烫辊等措施使轧辊具有一定的热凸度，但仍较稳定值小得多，只有轧制数卷后才能形成稳定的热凸度；二是某机架工作辊损坏，必须更换新辊时，可能没有热凸度；三是不同产品要求由一种轧制规程变到另一种轧制规程，随之而来的是热凸度稳定值的大变化。此外，磨削凸度也随着轧制力缓慢变化。这种变化必然使工作辊缝凸度发生变化。为了缩短和适应轧辊凸度的这种缓慢变化，在一个换辊周期内，除了开始可采用烫辊轧制给出一定的初始热凸度外，在轧制程序方面，应先安排轧制对板形不十分敏感的窄料、厚料，再安排轧制板形较难控制的宽料、薄料、硬质材，最后再安排轧制板形较易控制的较窄、较厚的料。

对于没有配备辊型调整手段（CVC、HC、PC 等）的老轧机，可采用动态负荷分配法进行各机架（或各道）的厚度分配及轧机各设定值计算。动态负荷分配法是在保留弯辊在线控制板形的能力的基础上，以合理分配各机架（或各道）轧制力为主要手段，将板形设定和板厚设定合二为一。其做法是：按照板形良好条件和来料板形，确定各机架出口比例板凸度；根据工作辊缝凸度和热凸度、磨削凸度、各机架出口比例板凸度的关系方程计算各机架轧制力；根据轧制力确定各机架出口厚度分配；根据厚度设定模型，计算轧辊压下位置和速度等设定值。

6.2.4.6　HC 轧机、WPS 轧机

如图 6-16(a)所示，HC 轧机是上下轧辊可以轴向（以中心点）对称移动的轧机。它有以下几种形式：具有中间辊移动系统的六辊轧机 HCM、具有工作辊移动系统的四辊轧机 HCW、工作辊和中间辊均可移动的 HCMW 六辊轧机。

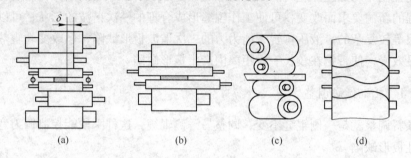

图 6-16　几种板形控制手段示意图
（a）HC 轧机（中间辊可轴向移动）；（b）WRS 轧机；
（c）PC 轧机；（d）CVC 轧机

HC 轧机的优点是：（1）板形控制能力高于普通四辊轧机。通过轧辊的横移消除了普通四辊轧机工作辊与支撑辊在板宽范围以外有害的接触（见图 6-17），工作辊弯曲不再受到这部分接触应力的阻碍，因而液压弯辊的板形控制能力增强。通过轧辊横移使轧辊间接触长度减小，工作辊缝凸度随之减小。根据实验结果，只要把中间辊的位置和弯辊力调整到适当值上，可以使板形稳定，排除轧制压力波动对板形的影响。（2）边部减薄控制能力强。通过横移，可以减小工作辊与支撑辊之间有害接触部分长度，

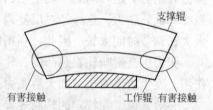

图 6-17　工作辊与支撑辊
之间的有害接触

使工作辊受到的附加弯矩减小，因此，可以减小工作辊挠度和压扁变形，同时可用较小的工作辊径，这些都显著地减小了边部减薄。（3）大压下轧制。由于 HCM 六辊轧机具有的板形稳定性，可以使用小辊径（工作辊最小为板宽的 25%）有利于实现大压下量轧制。

WRS（work roll shifting）轧机工作辊采用平辊或常规凸度辊型，其工作辊辊身长度等于支撑辊辊身长度与工作辊轴向移动总行程之和，上下工作辊也沿轴向按相反方向移动，其轴向移动量一般为 ±（150～250）mm，见图 6-16(b)。轴移时，支撑辊与工作辊间接触长度不变。轴向移动的目的不是直接改变辊缝凸度，凸度控制要靠液压弯辊等其他手段。

对于 WRS 轧机，通过轧辊的周期横移可以分散工作辊的磨损及热凸度，使其分布均匀，避免轧辊局部磨损造成异常断面形状（如局部凸起），增加了单位轧辊消耗所轧带钢的长度，使轧辊磨损区域增大，可以大量轧制同一宽度的产品，甚至可以从轧窄料换到轧宽料。工作辊的周期横移原则是：每轧完一卷后，工作辊沿轴向对称移动一定的距离，随着轧制量增加，不断横移。当移到该方向的极限位置时，向反向移动。

WRS 轧机适用于需要重点控制磨损的热连轧带钢精轧机组的下游机架。

6.2.4.7　CVC 轧机

CVC（continuous variable crown）轧机是把一对轧辊（一般为工作辊）磨削成完全一样的花瓶状，成对放置，凸度位置相差180°。通过上下两个轧辊沿轴向反向移动，即可实现轧辊凸度的连续可变（见图6-16(d)）。移动方向不同，可得到凸形或凹形的辊缝。辊缝凸度的变化范围与 CVC 辊轴向移动距离（最大一般为 ±100mm）和 CVC 辊沿其辊身长度方向的直径差（一般为 0.3~0.8mm）有关。

通过 CVC 辊不同方向的轴向移动可使辊缝的凸度连续变化，它与液压弯辊的配合扩大了板形调节范围，并可用几种具有辊型曲线的轧辊就可满足轧制不同宽度带钢板形调节的需要。

6.2.4.8　PC 轧机

PC 轧机是使上下辊交叉一定角度来改变辊缝形状的轧机。PC 轧机有支撑辊交叉、工作辊交叉和对辊交叉。多见的是图6-16(c)所示的上下工作辊与支撑辊成对交叉，它最适用于轧制宽带钢。交叉角度越大，工作辊缝凸度越小，交叉角一般为 0°~1.5°。

PC 轧机工作辊采用常规的平辊型，见图6-16(c)。它的特点是：（正）凸度控制能力很大，凸度控制范围为 0~1.4mm。凸度控制的核心部分模型简单，最适合在线动态控制；反应快速；精轧机轧辊原始辊型具有一种曲线即可，不必研制多种辊型的轧辊，备辊量少。但是，PC 轧机不能形成负凸度；机械结构复杂，轧辊承受交叉引起的较大的轴向力；为防止交叉引起的轧件跑偏，交叉点必须保持在轧件的中心线上。PC 轧机适用于热连轧精轧机组的上游机架，用于下游机架时，要解决工作辊的磨损问题，为此 PC 轧机采用了在线磨辊装置（ORG）。

6.3　连轧机组速度的控制

6.3.1　对主传动速度制度的要求

在连轧机上，为了保持正常的连轧关系，需根据各机架轧件出口厚度 h_i 的分配正确配置各机架轧件的出口速度 v_i，即热连轧机各机架轧件的出口速度是根据秒流量相等的原则并考虑前滑的影响而确定的。一般根据允许的轧制条件（如电动机的功率、轧件在输出辊道输送的速度、卷取机的咬入速度以及终轧温度等）先确定精轧机组末架的最大出口速度（轧制速度），然后确定带钢热连轧机精轧机组各机架轧件的出口线速度。

随着生产技术的发展，自动化技术的应用，带钢热连轧机的轧制速度得到很大的提高，轧制速度已达到30m/s，为了保证轧件顺利咬入和带钢在输出辊道上稳定行走以及不给卷取机的咬入带来困难，在现代带钢热连轧机精轧机组上均采用升速轧制的方法，即开始以 10m/s 左右的低速进行咬钢轧制，待卷取机将带钢头部咬入并卷上两卷之后，精轧机组和卷取机同步加速到正常轧制速度。某1700mm 带钢热连轧机精轧主机速度如图6-18所示，共分六段，现分别简述如下：

（1）第1段为穿带速度 v_{ch}。带钢进入 F_1~F_7 机架，直到其头部离开距 F_7 机架50m以内即第一加速度之前，带钢保持在穿带速度下运行。为保持各机架金属秒流量相等的关系，穿带速度随着各机架轧件出口厚度的减小而升高，因此精轧机组各个机架的穿带速度（轧件出口线速度）随着轧制的流向而逐渐增加，末架最大。通常所说的连轧机的轧制速度，就是指精轧机组末架带钢的出口线速度。由于加热炉加热能力的限制，穿带速度还随着带钢成品厚度的增加而降低；穿带速度受咬入条件的限制，一般最高为 10m/s。该套轧机末架的标准穿带速度在成品厚度小于 4.0mm 时为 10m/s，而当成品厚

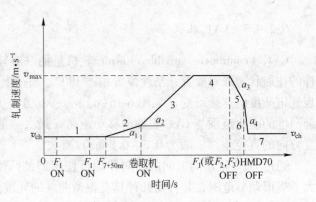

图 6-18　某 1700mm 带钢热连轧机
精轧机组主机速度图

度为 12.7mm 时为 4m/s。表 6-2 为该套轧机生产不同产品的（普通碳素钢、低合金钢）末架标准穿带速度。生产硅钢时，穿带速度的大小随着钢种（即钢的化学成品）不同而异。表 6-3 为该套轧机生产不同品种的硅钢时末架标准穿带速度。

表 6-2　生产普通碳素钢、低合金钢时末架标准穿带速度

成品厚度 h/mm	标准穿带速度 v_{ch}/m·s^{-1}	成品厚度 h/mm	标准穿带速度 v_{ch}/m·s^{-1}
1.2	10	3.9	10
1.4	10	4.5	9.1
1.6	10	5.2	7.3
1.9	10	6.0	6.5
2.2	10	7.0	5.75
2.5	10	8.2	5.4
2.9	10	9.5	4.75
3.4	10	12.7	4

表 6-3　生产硅钢时末架标准穿带速度

钢　种	标准穿带速度 v_{ch}/m·s^{-1}	钢　种	标准穿带速度 v_{ch}/m·s^{-1}
D20	10.17	D60	9.17
D30	10.17	D70	6.67
D40	10.17	D80	5.83
D50	10.17	D90	4.17

　　（2）第 2 段为第一加速度段。其加速度 a_1 设计值为 0.4m/s^2，实际值为 0.05 ~ 0.1m/s^2。当带钢的头部到达距精轧机组末架出口处 50m，即热金属检测器 HMD70 接通时，开始第一加速度，直到带钢的头部被卷取机卷上两卷为止。采用较低的第一加速度既保证了带钢在输出辊道上运送的稳定性，又保证了带钢被卷取机顺利咬入。带钢在输出辊道上行走的速度一般在 10 ~ 12m/s 以下，否则就会"飘浮"起来，不便于输送。卷取机的咬入速度一般在 10 ~ 12m/s 以下，该套轧机卷取机的咬入速度为 12m/s。因此第一加速度 a_1 的值受到带钢在输出辊道上的运输性能及卷取机的咬入条件的限制。

　　因为在距离精轧机组出口 50m 处，辊道两侧布置有测厚仪、测宽仪、测温仪等精密仪

器设备，而且这些仪器设备装设在两个辊子之间，辊子间距较大，带钢输送的稳定性较差。如果在该段距离内进行加速轧制，带钢的头部就有可能"飘浮"起来，有可能打坏仪器设备。同时由于轧机加速，带钢在辊道上输送不稳定而产生振动，仪器的检测精度受影响。因此，规定在带钢头部离开精轧机组末架（F_7）50m（HMD70）处的地方开始第一加速度，而不是轧件出机架 F_7 后才开始第一加速度。

（3）第 3 段为第二加速度段。其加速度 a_2 设计值为 $0.92m/s^2$，实际值为 $0.05 \sim 0.2m/s^2$。带钢头部被咬入卷取机并卷上两圈之后，开始第二加速度，直至达到预给定的最高轧制速度。此加速度主要为补偿带钢长度方向的温降，使终轧温度均匀一致，同时可以充分发挥轧机的生产能力，提高产量。

（4）第 4 段为最高轧制速度的稳定段。从带钢达到最高的轧制速度起到带钢尾部离开开始减速的机架为止，带钢维持在最高的轧制速度下进行轧制。其设计值为 $23.3m/s$，实际值为 $20m/s$。最高轧制速度值取决于要求的终轧温度、精轧机组主电动机所能供给的最大轧制功率以及输出辊道的冷却能力（保证要求的卷取温度），同时还随带钢成品厚度的增加而减小。速度值的设定一般由计算机来完成，但也可采用数字开关由人工设定。表 6-4、表 6-5 为该套轧机最大轧制速度初始设定值。

表 6-4　生产普通碳素钢时的加速度（a_1、a_2）、最大轧制速度初始设定值

带钢成品厚度/mm	第一加速度/$m \cdot s^{-2}$	第二加速度/$m \cdot s^{-2}$	最高轧制速度/$m \cdot s^{-1}$
$1.2 \leqslant h < 1.4$	0.07	0.20	20
$1.4 \leqslant h < 1.6$	0.07	0.20	20
$1.6 \leqslant h < 1.9$	0.10	0.20	20
$1.9 \leqslant h < 2.2$	0.10	0.20	20
$2.2 \leqslant h < 2.5$	0.10	0.17	20
$2.5 \leqslant h < 2.9$	0.07	0.15	20
$2.9 \leqslant h < 3.4$	0.07	0.13	20
$3.4 \leqslant h < 3.9$	0.05	0.10	18.3
$3.9 \leqslant h < 4.5$	0.05	0.10	16.7
$4.5 \leqslant h < 5.2$	0.05	0.10	10.0
$5.2 \leqslant h < 6.0$	0.05	0.10	10.0
$6.0 \leqslant h < 7.0$	0.05	0.10	7.5
$7.0 \leqslant h < 8.2$	0.05	0.10	7.5
$8.2 \leqslant h < 9.5$	0	0	5.8
$9.5 \leqslant h < 11.0$	0	0	5.8
$11.0 \leqslant h < 12.7$	0	0	5.8

表 6-5　生产硅钢时的加速度（a_1、a_2）、最大轧制速度初始设定值

钢 种	第一加速度/$m \cdot s^{-2}$	第二加速度/$m \cdot s^{-2}$	最高轧制速度/$m \cdot s^{-1}$
$X < D20$	0.08	0.22	18
$D20 \leqslant X < D30$	0.08	0.22	17.8
$D30 \leqslant X < D40$	0.08	0.22	17.8
$D40 \leqslant X < D50$	0.08	0.17	17.5
$D50 \leqslant X < D60$	0.08	0.15	17.3
$D60 \leqslant X < D70$	0.07	0.12	17.2
$D70 \leqslant X < D80$	0.07	0.12	17.0
$D80 \leqslant X$	0.07	0.12	16.8

在本轧制速度段内，因速度不变，带钢的塑性变形热不变。其终轧温度靠控制机架间的冷却水量来调整，难以维持恒定不变。因此有的带钢热连轧机为了保证带钢沿长度方向

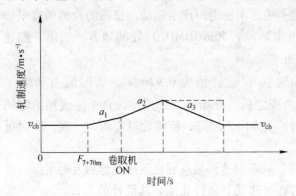

终轧温度均匀一致，不采用最高恒速轧制段，而在第二加速度还没有升到最高点时就开始减速，但这种速度制度对提高轧机的生产能力不利。因此有的带钢热连轧厂如日本大分厂，两种轧制速度方式都采用，一般无最高恒速部分，如图 6-19 实线所示，只有当带钢的长度比较长时才采用最高恒速段，如图 6-19 虚线部分所示。

图 6-19　某带钢热连轧机轧制速度图

该套轧机为了充分发挥轧机的生产能力，确保 300 万吨/年的产量，采用最高恒速轧制部分的轧制速度方式。本套轧机最大轧制速度设定值为 23 m/s，实际值为 20m/s；而日本大分厂热连轧机最大轧制速度设定值为 27m/s，实际值为 23m/s，所以日本大分厂采用终轧温度恒定的轧制速度方式仍能保证 300 万吨/年的产量。

（5）第 5 段为第一减速段。此段从带钢尾部离开开始减速机架（F_1 或 F_2、F_3）到尾部离开热金属检测器 HMD70（即距精轧机组末架 50m 处）为止（参见图 6-19）。减速度 a_3 值较小，以免带钢在输出辊道上打折。

该减速段的目的在于避免高速抛钢（本轧机的抛钢速度为 13.3～16.7m/s，日本大分厂为 15.8m/s），防止带钢尾部离开末架机架产生跳动，损坏设备和产生折叠现象。

（6）第 6 段为第二减速段。当带钢离开热金属检测器 HMD70 时，用很大的减速度 a_4 把轧机的速度降至下一块带钢的穿带速度 v_{ch}。

为满足上述速度制度，保证在稳速和加、减速过程中各机架间金属秒流量严格相等的关系，F_1～F_7 机架的速度值、加减速度值均由计算机统一给出。

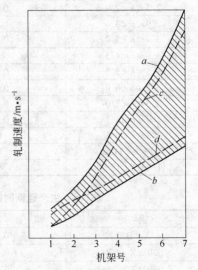

6.3.2　精轧机组速度锥

为了满足不同生产品种的要求，精轧机组各架轧机轧制速度均有较大的调整范围，如图 6-20 所示，由于形状为锥形，故称为速度锥。为了便于调整并考虑最小工作辊径的使用，轧机速度锥范围比工作速度范围大约 8%～10%。

图 6-20　精轧机组速度锥
a—轧机应具有的最大速度；b—轧机应具有的最小速度；c—总延伸最大所需各架轧机的速度；d—总延伸最小所需各架轧机的速度

$$v_7/v_1 = (1 - \varepsilon_1)\mu_\Sigma$$

式中，μ_Σ 为连轧机组总延伸；ε_1 为第一架相对压下量。

连轧生产时，工艺要求的总延伸及各架轧机速度必

须在速度锥内。

6.4　轧机的张力控制

6.4.1　张力的作用

　　张力轧制具有以下作用：（1）自动地、及时地防止轧件跑偏；（2）在连轧机平衡状态遭到一定程度破坏时，依靠张力自动调节作用，使连轧机恢复平衡状态；（3）减轻轧制时轧件三向受压状态，降低轧制压力和变形功，有利于轧件进一步减薄；（4）带钢横向张应力分布变化与其横向延伸分布变化的相互作用，使横向延伸分布均匀，板形得到改善；（5）前张力可以使主电动机负荷减小，后张力使主电动机负荷增大，张力在连轧机各个机架间起到了传递能量的作用。张力越大，这种传递能量的作用就越明显。由于张力轧制的种种优点，冷连轧机需要采用大张力轧制。对于热连轧而言，从工艺要求和轧机控制方便的角度考虑，希望采取无张力轧制，但实际生产中，往往不得不采用微张力轧制。

6.4.2　无活套微张力控制

　　对于带钢连轧机的粗轧机组，由于带坯较厚，难以弯曲，无法采用活套支持器，一般采用微张力轧制。近年来，由于节能而有加大精轧来料厚度的趋向，精轧头二三机架亦有采用无活套控制，亦即采用微张力控制方案，而精轧的其他机架仍采用活套恒定小张力控制。

6.4.2.1　双机架连轧微张力控制

　　双机架连轧微张力控制（见图6-21）采用头部力臂记忆（轧制力轧制力矩比记忆）的方法。由于张力对轧制力及轧制力矩影响不同，而温度对轧制力及轧制力矩影响基本相同，因此采用轧制力轧制力矩比法可消除温度波动对张力控制的影响。

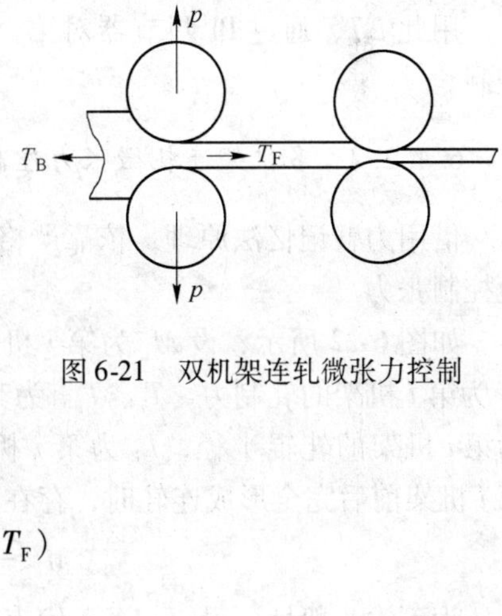

图 6-21　双机架连轧微张力控制

　　根据轧制原理，可知轧制力矩（轧辊处）公式为

$$M = 2PL + R(T_B - T_F)$$

式中　M——轧制力矩；
　　　P——轧制力；
　　　L——轧制力的力臂；
　　　R——轧辊半径；
　T_B，T_F——后张力和前张力。
　　轧制力轧制力矩比为

$$\frac{M}{P} = 2L + \frac{R}{P}(T_B - T_F)$$

　　当咬入第一机架而尚未咬入第二机架时

$$T_B = T_F = 0$$

因此记忆的比值为

$$\left(\frac{M}{P}\right)_0 = 2L$$

下标 0 表示无张力状态下轧制力轧制力矩比。

当咬入第二机架后，机架间产生张力，此张力即为第一机架的前张力 T_F，轧制力轧制力矩比变为

$$\left(\frac{M}{P}\right)_k = 2L - \frac{R}{P_k}T_F$$

$$T_F = \left[2L - \left(\frac{M}{P}\right)_k\right]\frac{P_k}{R}$$

由于 $2L = (M/P)_0$，因此

$$T_F = \left[\left(\frac{M}{P}\right)_0 - \left(\frac{M}{P}\right)_k\right]\frac{P_k}{R}$$

下标 k 为带钢咬入第二机架后对第一机架参数的第 k 次采样值，张力偏差为

$$\Delta T = T_F - T$$

式中　　T——微张力目标值。

用此 ΔT，通过 PI 调节器对第一机架速度进行控制，即可实现双机架连轧的微张力控制。

6.4.2.2　多机架连轧微张力控制

借用力臂记忆法原理，依靠严格地控制时序达到逐级稳定的方法间接检测张力和有效地控制张力。

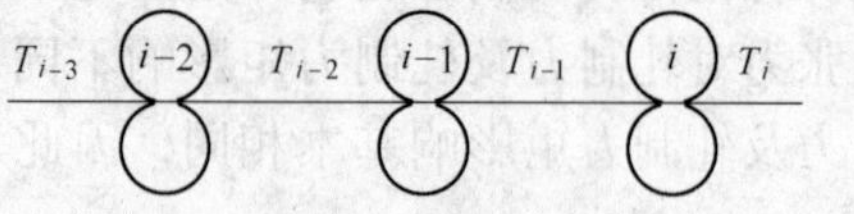

如图 6-22 所示，设 M_i 为第 i 机架的轧制力矩；P_i 为第 i 机架的轧制力，T_i、T_{i-1} 为其前后张力，R_i 为第 i 机架的轧辊半径，L_i 为第 i 机架的力臂，在

图 6-22　多机架连轧微张力控制

第 i 机架前后完全形成连轧时，存在张力，此时轧制力和轧制力矩的关系为

$$M_i = 2L_iP_i - R_i(T_i - T_{i-1})$$

为不失一般性，设 $i = 1$、2 代表连轧机组的第 1、2 机架。

$$M_1 = 2L_1P_1 - T_1R_1$$

$$M_2 = 2L_2P_2 - T_2R_2 + T_1R_2$$

在开始轧制，轧件仅在双机架下连轧时，

$$M_1 = 2L_1P_1 - R_1T_1 \tag{6-3}$$

$$M_2 = 2L_2P_2 + R_2T_1 \tag{6-4}$$

而在第 1 机架咬钢，第 2 机架未咬钢时，$T_1 = 0$，由式(6-3)得到

$$2L_1 = \left(\frac{M_1}{P_1}\right)_{1B}$$

第二机架咬钢时，由式(6-4)得到

$$2L_2 = \left(\frac{M_2}{P_2} - \frac{M_2}{P_2}T_1\right)_{2B} \tag{6-5}$$

下标 $1B$、$2B$ 表示第一机架咬钢和第二机架咬钢时刻的值。

由式(6-5)得到第 i 架咬钢时计算力臂的通式

$$2L_i = \left(\frac{M_i}{P_i} - \frac{R_i}{P_i}T_{i-1}\right)_{iB} \tag{6-6}$$

因为

$$M_{i-1} = 2L_{i-1}P_{i-1} - (T_{i-1} - T_{i-2})R_{i-1} \tag{6-7}$$

$$M_i = 2L_iP_i - (T_i - T_{i-1})R_i \tag{6-8}$$

将式(6-7)同乘 $1/P_{i-1}$，式(6-8)同乘 $1/P_i$，并两式相减，得多机架连轧时的张力计算通式

$$T_i = \frac{P_i}{R_i}\left[\left(\frac{R_{i-1}}{P_{i-1}} + \frac{R_i}{P_i}\right)T_{i-1} - 2(l_{i-1} - l_i) + \left(\frac{M_{i-1}}{P_{i-1}} - \frac{M_i}{P_i}\right) - \frac{R_{i-1}}{P_{i-1}}T_{i-2}\right]$$

$$(i = 1,2,3,\cdots,n) \tag{6-9}$$

在使用式(6-9)时，应注意下标的序号作用。当轧件继续运行时，咬入第二机架（尚未咬入第三机架）时，$i = 2$，$T_2 = 0$，$T_0 = 0$，根据式(6-9)，得

$$T_1 = \frac{1}{\dfrac{R_1}{P_1} + \dfrac{R_2}{P_2}}\left[2l_1 - \frac{M_1}{P_1} - \left(2l_2 - \frac{M_2}{P_2}\right)\right]$$

当轧件咬入第三机架、尚未咬入第四机架时，$i = 3$，$T_3 = 0$，根据式(6-9)得

$$T_2 = \frac{1}{\dfrac{R_2}{P_2} + \dfrac{R_3}{P_3}}\left[2\left(L_2 - \frac{M_2}{P_2}\right) - \left(2L_3 - \frac{M_3}{P_3}\right) + \frac{R_2}{P_2}T_1\right]$$

根据式(6-5)和式(6-6)可写出通式

$$T_{i-1} = \frac{1}{\dfrac{R_{i-1}}{P_{i-1}} + \dfrac{R_i}{P_i}}\left[\left(2L_i - \frac{M_{i-1}}{P_{i-1}}\right) - \left(2L_i - \frac{M_i}{P_i}\right) + \frac{R_{i-1}}{P_{i-1}}T_{i-2}\right]$$

式中的 L_i 可用式(6-6)计算。

在计算 T_2 时，必须先得到 T_1，因此连轧机微张力计算必须每次先计算第1、2机架间张力 T_1，然后计算 T_2、T_3 等，一架一架往后计算。在实际使用时，特别要注意的是，准确定时采入各机架咬钢后下游机架未咬钢之前的值，按式(6-6)计算出平均力臂值。它是作为各机架力臂记忆设定值。计算力臂值时一定要去除动态速降段力矩和轧制力不稳定值。在下游机架产生调节速度时，必须对上游机架进行级联逐移调节。

6.4.3　热连轧机的活套控制

轧件在精轧机组中的轧制过程分为两个阶段：咬入阶段和张力连轧阶段。

6.4.3.1　连轧过程中轧件的咬入阶段

咬入阶段主要是指从带钢头部被轧辊咬入开始，一直到带钢在机架之间建立张力之前的阶段。在整个连轧过程中，这段时间很短，约为一秒钟左右。轧件在此阶段有以下几个特点：轧件在咬入阶段受到轧件冲击载荷作用之后，轧机会产生动态速降；由于有动态速度降导致产生一定的活套量；并且此活套量在规定的范围内还会随活套支持器的摆角而变化。

（1）动态速度降的产生。当轧机空载运行时有一定的空载转速 n_0，在有载荷作用时轧机转速会有所降低，一般把稳定状态时速度的降低称为速度降。轧辊受静载荷作用，到稳定状态而产生的速度降称为静态速度降，用 Δn_e 表示。运行着的轧件以一定的速度往轧辊中送，轧辊受到轧件的冲击负载作用所产生的速度降称为动态速度降，用 Δn_d 表示。速度降可以用绝对值或相对值表示：

$$\Delta n = n_0 - n$$

或

$$\Delta n(\%) = \frac{n_0 - n}{n_0} \times 100\%$$

式中　Δn——绝对速度降；

　$\Delta n(\%)$——相对速度降；

　n_0——空载时转速；

　n——载荷作用的转速。

轧机在动载荷作用下其动态速度降如图 6-23 所示。动态速度降一般约为其最高速度的 2% ~3% 左右。

（2）活套量的形成。当带钢被轧辊咬入时，由于轧机有一定的动态速降，结果产生了 $v_{i+1,\lambda} < v_{i,出}$ 现象，在动态速降未恢复之前，因 $v_{i+1,\lambda} < v_{i,出}$ 的存在，故在 i 和 $i+1$ 机架之间逐步积累了一定的活套量，用 Δl_d 表示。当动态速降恢复之后，$i+1$ 机架的电动机便稳定运行。由于动态速降的恢复需一定的时间，一般约为 0.3 ~0.5s，因而在 i 和 $i+1$ 机架之间便形成了一定的活套量，此活套的大小是随动态速降及其恢复时间而变化。若动态速降 Δn_d 大，则 Δl_d 也大；而 t_d 短，则 Δl_d 小，或者相反。

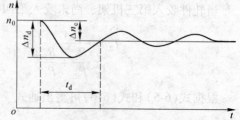

图 6-23　在冲击载荷作用下电动机的
速度变化情况
Δn_d—动态速降；Δn_e—静态速降；
t_d—动态速降恢复时间

现代化精轧机组机架之间的活套一般都很小，约为 30 ~50mm，一些旧式精轧机组活套有的为 50 ~178mm 左右。可以说微套量小张力连轧是当代宽带钢热连轧很重要的一个特点之一。

（3）活套与活套辊摆角的关系。活套支持器是在连轧过程中支持活套的装置。图 6-24 是活套支持器的活套辊工作原理图，活套辊的辊面在轧制线以下的位置称为活套辊的机械零位，用 θ_0 表示；活套辊工作时的摆角一般为 $30° \sim 35°$ 左右；而把恒定带钢长度调节器（即活套高度调节器）投入工作时的摆角称为活套辊的工作零位角，一般为 $20° \sim 25°$ 左右；换辊时为了操作方便活套辊应升起，其摆角用 θ' 表示。活套辊摆角的具体数值是随活套支持器的结构和工艺而定的。

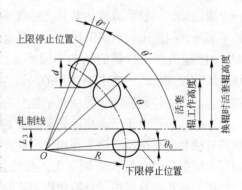

图 6-24 活套支持器的活套辊工作原理图

R—活套辊臂长；d—活套辊直径；θ_0—机械零位角；θ—活套辊工作角；θ'—换辊时活套辊摆角；θ''—活套辊最大高度至上限位置的角度；L_3—活套支持器转动中心至轧制线距离

活套支持器的活套辊升起之后，支持所产生的活套，给予活套以正确的形状，并保证连轧过程稳定进行。当带钢在机架之间有张力作用时，还可以借助活套辊进行张力值的控制，或者在给定张力情况下对活套尺寸进行一定的调节。

图 6-25 是带钢在精轧机组中进行连轧时的压力 P、电流 I、转速 n、摆角 θ 和张力 T 的变化规律示意图，它们之间的关系如下。

分析图 6-25 可知，在给定的轧制条件下，咬入阶段由于动态速降所形成的活套量是

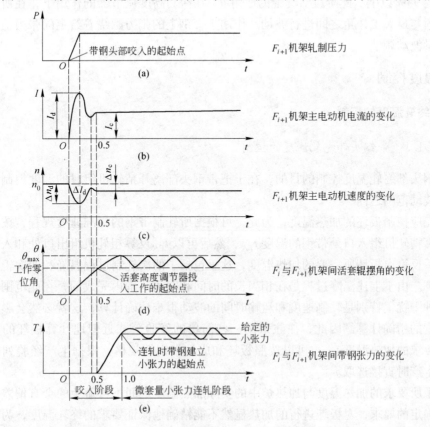

图 6-25 连轧时的压力 P、电流 I、转速 n、摆角 θ 和张力 T 的变化规律示意图

一个固定值，一旦形成此活套量之后就不再增长。为了使得带钢不至于过早压住活套辊而抬不起来，因此由动态速降所形成的活套量 Δl_d 必须大于活套辊工作零位所贮的套量 Δl_0。Δl_0 一般随活套支持器的结构不同而异，例如活套辊臂长为 $R = 600\text{mm}$ 时，其 Δl_0 约为 18 ~ 20mm，则 Δl_d 应保持在 50 ~ 60mm 左右。由于现代化宽带钢热连轧机是按微套量进行控制，活套支持器所能吸收的套量也只有几十毫米，所以 Δl_d 不宜太长。

在咬入阶段由于活套高度调节器大约经过 0.5s 之后才能投入工作，故调节器在 0.5s 以前对活套的高度没有调节作用，因此在此时间内，由主电动机的速度设定和压下辊缝设定误差所引起的金属秒流量变化，必然会造成机架之间带钢长度（即活套大小）发生波动。假若其长度被缩短，就迫使机架之间的带钢绷得很紧，即引起较大的张力，并压住活套辊抬不起来，这是很不理想的。假若其长度增长，即活套量增加，有可能使活套辊升至最高位置仍绷不紧带钢，结果延迟了进入小张力连轧的时间，这也是我们所不希望的。为了保证在连轧过程中能按微套量小张力进行连轧，对电动机的速度设定和压下辊缝的设定，应尽量准确，一般希望其设定误差小于 1% 或 0.5%。

6.4.3.2　小张力连轧阶段

它是指带钢被轧辊完全咬入之后，并在机架之间已建立起小张力，而已处于稳定连续轧制的阶段，也就是图 6-25(e) 中所示的 1s 以后的阶段。该阶段所占的时间，约为整个连轧时间的 95% 以上。此阶段活套辊的摆角 θ，在活套高度调节器的作用下，在所规定的工作零位角与最大工作角之间进行波动。作用于带钢上的张力围绕着给定的张力值，也作相应的微量波动调节。

6.5　温度控制

6.5.1　终轧温度的控制

6.5.1.1　带钢头部终轧温度的控制

带钢头部终轧温度控制的目的，在于把带钢头部离开精轧机组时的温度控制在所要求的允许波动范围之内。

首先应控制板坯的加热温度，为此，可根据所轧制带钢的标准速度规程，按照温降方程来反算精轧机组入口处带钢的温度 $t_{\text{F入}}$，然后再以 $t_{\text{F入}}$ 反算粗轧机组出口处和入口处的温度，最后反算出板坯所需要的加热温度，这里包括了两次轧制过程温降和两次辊道运输温降的计算。由于上述温降过程是在相当长的时间和空间范围内完成的，在此范围内，可能出现各种干扰，特别是轧制速度和运输时间的波动很难精确计算，这就必然会影响所要求加热温度的精确计算。因此，往往采用一些简单的经验公式近似地计算板坯的加热温度 $t_{\text{加}}$。所要求的加热温度 $t_{\text{加}}$ 也可以按照板坯和成品带钢的规格，根据生产经验列成表格形式，供生产时直接选取。

由于所要求的加热温度与加热炉中的实际加热温度之间不可避免的会有偏差，按照上述方法确定的要求，对板坯进行的加热显然不能精确地保证要求的终轧温度，为此，应在生产过程中实测带坯的温度，以实测的温度值作为进一步控制终轧温度的依据。在热连轧轧机上，测温点一般设在粗轧机组的出口处（因为在这里，带坯表面上的氧化铁皮已去除干净，新生的二次氧化铁皮又尚未生成，这时带坯已较薄，断面温度分布比较均匀），在此处测得的带坯温度与带坯实际温度比较接近。然后再以粗轧机组出口处的实测温度 $t_{R出}$ 作为依据，按温降方程，首先计算出精轧机组入口处的温度 $t_{F入}$，其计算公式如下：

$$t_{F入} = 100\left[\left(\frac{t_{R出} + 273}{100}\right)^{-3} + \frac{6\varepsilon\sigma\tau}{100c_p\gamma h}\right]^{-1/3} - 273$$

式中符号意义见 3.5.2.1 节公式。

然后再以上式求出的 $t_{F入}$ 作为依据，可推导出用于控制温度的速度表达式：

$$v_n = \frac{-K_{精}L}{h_n\ln\dfrac{t_{目标} - t_{水}}{t_{F入} - t_{水}}} \tag{6-10}$$

式中　$t_{目标}$——目标终轧温度。

按公式(6-10)计算得到的 v_n，作为精轧机组最末机架（第 n 机架即为 F_7）的速度设定值，就可以保证在穿带过程中带钢头部的终轧温度与目标终轧温度 $t_{目标}$ 相符合。

还必须指出，按公式(6-10)计算得到的精轧机组末机架的穿带速度 v_n，应该在该带钢按实际生产经验所规定的允许穿带速度范围之内。若 v_n 的计算值超出了所规定的限制范围，则应取限制范围内的极限值。此时终轧温度虽然得不到保证，但能保证生产过程安全地进行。

在 v_n 确定之后，精轧机组其他各机架的轧制速度 v_i，可以按金属秒流量相等的原则，根据各机架的轧出厚度 h_i 来确定。

6.5.1.2　带钢全长终轧温度的控制

当带钢的头部进入精轧机组中时，带钢的尾部仍在中间辊道上，即尾部在空气中冷却的时间比头部长，因而引起带钢尾部的终轧温度低于带钢头部的终轧温度。若带坯愈长，精轧入口速度愈低，则带钢头部与尾部进入精轧机的时间差愈大，它们的终轧温度差也愈大。

带钢头部与尾部进入精轧机组的时间差 $\Delta\tau$，可按下式计算：

$$\Delta\tau = L/v$$

式中　$\Delta\tau$——带钢头部与尾部进入精轧机组的时间差；

　　　L——带钢的长度；

　　　v——带钢进入精轧机组的速度。

为了减小或消除带钢头尾终轧温度差，使带钢全长度上的终轧温度均匀，可以采用轧机同步加速的方法，即当带钢头部离开精轧机后，整个精轧机组连同输出辊道和卷取机逐渐增速的方法。因此，不仅缩短了带钢头部与尾部进入精轧机组的时间差，而且减少了带钢头尾温度差。由于带钢的轧制速度逐渐增加，后进入精轧机的带钢在机组中的散热时间短，使得因塑性变形与接触摩擦所产生的热量引起带钢温升，能与各种方式散失热量造成的带钢温度降相互抵消，因而就可以使得带钢全长度上的终轧温度保持恒定，或在允许范围内波动。假若在轧制过程中带钢尾部的温升超过了温降，则带钢尾部的终轧温度有可能高于带钢头部的终轧温度。

为了在实际的轧制过程中，控制带钢全长度上的终轧温度，一般最常用的方法就是控制精轧机组各架轧机的加速度。现代化的热连轧机终轧温度的允许波动范围一般定为±(10~15)℃，当从精轧机组出口处的测温仪检测到的终轧温度在所要求的允许波动范围之内时，轧机便以预先规定的加速度进行升速轧制，借此来保持终轧温度恒定。若实测的终轧温度低于所要求的允许范围的下限时，便将控制信号反馈给轧机的加速度控制系统，使轧机的加速度增加。若实测的终轧温度高于所要求的允许范围的上限时，便使加速度变为零。

为了提高轧机的生产能力，一般将加速度控制在 0.5~1.0m/s² 以上。但实践表明，为了控制终轧温度，轧机的加速度只能限制在 0.05~0.2m/s² 范围之内，否则，带钢的终轧温度将沿长度从头部至尾部逐渐升高。为了克服这一缺点，因此提出了既充分地发挥轧机的加速度能力来提高轧机的生产能力，而又不出现带钢终轧温度从头部至尾部逐渐升高的方法。现在有的联合应用调节机架间冷却水量的方法来控制终轧温度。

6.5.2　带钢卷取温度的控制

影响冷却效果的因素很多，但是其中主要的因素是带钢的运行速度 v、带钢的厚度 h 和带钢在精轧机组出口处的温度 $t_{F出}$。为了使控制模型既反映其特定的规律，而又能避免繁杂的计算，实际控制有三种控制模型，即前馈控制模型、精轧温度补偿控制模型和反馈控制模型。

6.5.2.1　前馈控制模型

所谓前馈控制模型，就是当带钢头部尚在精轧机组中轧制时，就根据本带钢的各项目标值计算所需冷却水段数目的模型，并将它前馈给冷却控制装置进行控制。在实际采用的前馈控制模型中，考虑控制阀有反应滞后等现象，为了防止因各影响因素的实际值与目标值的偏差而导致卷取温度过低，以致无法对反馈的方法进行修正，将卷取温度目标值提高 Δt（例如 Δt 可以为20℃），即以 $t_{目卷} + \Delta t$ 作为目标卷取温度，此时前馈控制模型如下：

$$N_{FF} = \left\{ P_i + R_i(v - v_i) + \left[\alpha_1(t_{FE} - t_{FS}) - (t_{目卷} + \Delta t - t_{标卷}) \right] \frac{hv}{Q} \right\} \alpha_2 \qquad (6\text{-}11)$$

式中　P_i——在 $v = v_i$，$t_{FE} = t_{FS}$，$t_{目卷} = t_{标卷}$ 的标准条件下预喷射的设定段数，可根据带钢厚度确定；

　　　R_i——带钢速度影响系数，可根据带钢厚度确定；

　　　v——带钢速度；

　　　v_i——带钢基准速度；

　　　α_1——带钢在精轧机出口侧的温度变化对卷取温度的影响系数，$\alpha_1 = 0.8$；

　　　t_{FS}——带钢在精轧机出口侧的实测温度；

　　　Q——常数，相当于一段的冷却水量所带走的热量；

　　　α_2——由冷却水温度 $t_水$、标准水温度 $t_{水S}$ 及硅含量所决定的系数；

　　　N_{FF}——前馈控制时冷却水段数；

　　　t_{FE}——精轧机组出口处所要的目标温度。

按上式计算得到的预定冷却水段数,在带钢头部留在精轧机组中轧制时即输出给冷却装置,并在冷却段的前部给出,构成前段冷却区。

6.5.2.2 精轧温度补偿控制

当带钢头部已离开精轧机组,已得到了带钢头部的实测终轧温度 $t_{F出}$ 时,按下式计算冷却水的前馈补偿量,并立即输出给冷却段的后部,以便使带钢头部能得到补偿量为:

$$N_{FFT} = \alpha_1 \alpha_2 \frac{hv}{Q}(t_{F出} - t_{FE}) \tag{6-12}$$

6.5.2.3 反馈控制模型

当带钢头部已到达卷取机前的测温仪处,已检测到了带钢头部的实测卷取温度 t_{C0} 时,则按下式计算冷却水的反馈补偿量,并立即输出给冷却段的后段:

$$N_{FB} = (\Delta t + t_{C0} - t_{目卷}) \frac{hv}{Q} \alpha_2 \tag{6-13}$$

式中 N_{FB}——冷却水的反馈补偿量;

t_{C0}——反馈控制时的卷取实测温度平均值。

公式中的 t_{C0} 是在带钢头部到达卷取机前测温仪以后 0.5s、1.0s、1.5s、2.0s 时的卷取温度的平均值,因此,它按下式确定:

$$t_{C0} = (t_{C1} + t_{C2} + t_{C3} + t_{C4})/4$$

式中 $t_{C1} \sim t_{C4}$——相应地为 0.5、1.0、1.5、2.0s 后所测到的卷取温度。

由于在公式(6-11)中,为了避免出现实际卷取温度 t_{C0} 低于目标温度值 $t_{目卷}$,以致无法进行反馈补偿的情况,将公式(6-11)中的卷取温度目标值人为地提高了 Δt,这样做的目的就是为反馈控制时留有余地。因此,在公式(6-13)中,也应加一个 Δt,来消除人为增加 Δt 的作用。若按公式(6-13)计算得到的 $N_{FB} < 0$,则就不进行反馈控制。反馈补偿量也是在冷却段的后段给出,因此,前馈补偿量(即精轧温度补偿)与反馈补偿量便构成了冷却段的后段冷却区。

上述的带钢头部卷取温度控制模型,虽然可以用前馈和反馈控制的方法,利用实测的信息对计算结果进行一些动态修正,但在本质上仍为静态模型,因为它是根据固定的条件计算所需要的冷却水量。但是,实际的冷却区的长度往往在 100 多米,带钢上的任一点通过冷却区域约需 5 ~ 25s 的时间,而在这么长的时间里,带钢的速度、厚度和终轧温度等都在不断地变化。因此,要求在考虑冷却装置操作上滞后的前提下,计算所需冷却水量随时间而变化的关系,并及时对冷却系统加以控制,这就需要考虑动态模型的问题。

实践表明,按照前面所述的控制模型对带钢卷取温度进行控制,是可以获得良好的控制效果。图 6-26 是卷取温度的实际记录曲线,可以充分说明,卷取温度基本上保持在 600℃左右。

带钢卷取温度控制的基本方法如下:

(1)前段冷却。前段冷却控制方法是上下对称地向带钢表面喷水,在冷却段的前段冷却带钢。前馈控制量 N_{FF} 主要的变化因素是速度,带钢头部在精轧机组中进行控制。N_{FFT}

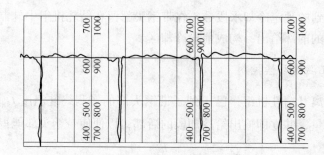

图 6-26　卷取温度的实际记录曲线

是精轧温度补偿控制，带钢到达精轧机组后的测温仪测温之后，计算补充喷水量，它的主要变化因素是精轧出口处的温度 $t_{F出}$。反馈控制量 N_{FB}，当带钢到达卷取机前的测温仪测温之后，计算反馈控制部分，它的主要变化因素是卷取温度。其控制方式简图如图 6-27 所示。

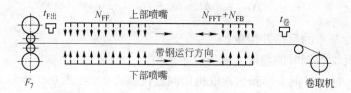

图 6-27　前段冷却方式

　　它用于厚度为 1.7mm 以上普通带钢或有急冷要求的高级硅钢的冷却。

　　（2）后段冷却。它的控制方式是当带钢头部到了卷取机前的测温仪处，冷却水从上部喷出，下部不喷水，喷水量是 N_{FF}、N_{FFT} 和 N_{FB} 的总和，其控制方式简图如图 6-28 所示。

　　它用于厚度小于 1.7mm 的普通钢和低级硅钢的冷却。

　　（3）带钢头尾不冷却。它的控制

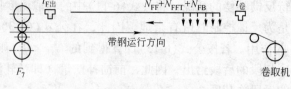

图 6-28　后段冷却

方式是不断地跟踪带钢头部和尾部在输出辊道上的位置（每 0.5s 更新一次），在带钢头尾部约 10m 的长度上不喷水，此控制分为头部不喷水、尾部不喷水、头尾部都不喷水。

　　它用于硬质带钢及厚带钢（约 8mm 以上），为了便于卷取机卷取，采用头尾部都不喷水。

复习思考题

6-1　带钢头部和全长尺寸精度如何保证？

6-2　控制带钢全长宽度偏差，需要在哪些方面着手？

6-3　什么叫单位能耗曲线？

6-4　常用的负荷分配方法有哪几种？

6-5 什么叫 *P-h* 图，有哪些用途？

6-6 板带钢厚度波动的原因有哪些？

6-7 厚度自动控制系统的类型有哪些？

6-8 液压式厚度自动控制系统有什么优缺点？

6-9 如何实现变刚度？

6-10 板宽发生变动的原因是什么？

6-11 宽度自动控制的类型有哪些？

6-12 良好板形的条件是什么？

6-13 板形有哪些常用表示方法？

6-14 影响辊缝形状的因素有哪些？

6-15 绘制一般热连轧机精轧速度图，并解释各段含义。

6-16 热轧精轧机组主速度系统由哪几部分组成的？

6-17 穿带速度的设定方式有哪些？

6-18 加速度如何设定？

6-19 张力的作用是什么？

6-20 什么叫力臂记忆法，如何使用？

6-21 如何保证带钢头部终轧温度？

6-22 如何保证带钢全长终轧温度？

6-23 何谓层流冷却？

6-24 带钢卷取温度控制的基本方法有哪些？

板带钢生产新技术

7.1 热连轧带钢生产新技术

伴随着 20 世纪 70 年代热轧带钢生产的三代热带钢连轧机的发展，热轧带钢生产和科学研究领域的相关新技术层出不穷，推动了工艺、设备和技术的飞跃发展。下面对热轧带钢生产技术中的厚度控制、宽度控制、板形控制、组织性能控制、自由程序轧制、无头轧制、智能化轧制技术和热轧润滑等新技术加以介绍。

7.1.1 厚度控制新技术

提高厚度精度是多年来热轧带钢生产不懈追求的目标。提高热轧带钢厚度精度可以从下面两个方面入手：提高轧制参数的预设定精度；开发高性能的在线自动控制系统。

7.1.1.1 高精度厚度预设定技术

提高与热轧带钢厚度有关轧制参数的预设定精度是提高厚度精度的一项根本性措施。主要包括轧制力的设定、轧件温度的设定、轧缝的设定、弯辊的设定等。数学模型是预设定计算的核心，数学模型的结构和系数对设定计算的结果都有重要的影响。对模型的结构调整不能轻易改动，一般都非常慎重，但对模型系数则往往需根据轧制条件的变化经常调整，使数学模型工作在最佳状态。提高模型精度的一个非常有效的措施是利用自适应系数，根据参数的实测值及偏差趋势来修正预报值。

7.1.1.2 在线厚度自动控制系统

A 绝对值 ACC

液压 ACC 厚度控制系统的厚度给定有绝对值方式和相对值方式两种。绝对值 ACC 是当带钢咬入精轧机后立即开始按照它的绝对厚度进行控制。绝对厚度的目标值由设定模型给定，根据实测的轧制压力和预设定的轧制压力的偏差来调节压下位置，使轧出的板厚达到设定的目标厚度，减小厚度超差长度。

B 机架间测厚和测速

日本住友金属鹿岛热带钢厂实行一种新的厚度控制方案，即在精轧机组的 F_4 与 F_5，之间安装一台 X 射线测厚仪，检测 F_4 机座的出口厚度，用其与目标值的偏差对 F_6 和 F_7 进行厚度的前馈控制，修正 F_6 和 F_7 的压下；同时，对 F_5 和 F_6 的轧辊转速进行修正，以补偿由于修正压下造成的秒流量变化。这一控制方法使带钢头部的厚度标准差由 42μm 下降为 26μm，头部的厚度精度提高 38%。

在设置机架间测厚仪的同时，为了控制秒流量，必须对带钢的速度进行测定，用考虑轧件前滑计算出口速度方法误差太大，因此，采用激光测速仪直接测出带钢的速度，参与厚控系统中的流量控制。

C 厚度的补偿控制

厚度的补偿控制主要是对轧辊偏心和油膜厚度波动进行补偿。

利用液压 ACC 系统的快速响应性可以对轧辊偏心造成的厚差进行补偿，根据检测方法的不同，有轧制力方法（使轧制力恒定）、辊缝仪法（恒辊缝轧制）和前馈控制法（设置机架间测厚仪检测轧辊偏心引起厚差）控制压下，补偿轧辊偏心引起的厚度偏差。

热轧带钢轧机的支撑辊采用油膜轴承时，轧制力和轧制速度的变化会引起油膜厚度的变化。根据轧制力、轧辊转速和油压，建立油膜厚度方程，实时预报油膜厚度，转换出轧件厚度变化，进行厚度补偿。

7.1.2 控宽与调宽新技术

7.1.2.1 高精度的宽度预报

宽度精度问题主要来源于轧件的不均匀变形，特别是在粗轧阶段水平辊轧制时的头尾失宽和立辊轧制的"狗骨"形变形。精确预报出头尾失宽量和"狗骨"形的特征，对提高宽度控制精度十分重要。用有限元方法模拟出水平辊轧制头尾失宽量和形状，模拟出立辊轧制"狗骨"的位置和峰值、平轧的回展量，作为宽度控制的依据，建立宽度控制数学模型的基础。

7.1.2.2 立辊短行程控制

短行程控制的基本思想是：根据不加控制时的头尾失宽轮廓曲线，计算出头尾不同部位的失宽量，给出立辊轧机辊缝变化的设定量，按照设定的曲线使头尾的不同部位有不同的坯宽量，使这种坯宽量恰好补偿在后面水平辊轧制的失宽量。

7.1.2.3 定宽压力机调宽

定宽压力机由于采用模块侧压，变形能切入到板坯中部，局部变形缓解，使"狗骨"峰值下降，且向中部移位，水平轧制时的回展小，头尾也整齐；另外模块的平行部分的定宽作用强，精度高。在新建的热带钢连轧机中定宽压力机调宽取代了大立辊机座。

7.1.2.4 AWC 技术

AWC 技术是一种对宽度实行自动控制的技术。它是在立辊轧机轧制时测出轧制压力，以轧制压力的波动为信号，调节立辊的辊缝值，补偿辊缝弹跳，从而保持轧件的宽度不变。

7.1.3 板形控制新技术

实现热轧带钢板形在线实时控制的控制系统由检测、控制和调节三个部分组成。

7.1.3.1 板形检测系统

板形检测系统检测高速运行热轧带钢的断面形状和平直度。检测的结果用于板形的反馈控制、对板形模型进行修正和提供产品的板形质量报告。

断面形状测量仪一般设在精轧机组出口，有的在精轧机组入口也设置 1 台，采用射线式检测装置。利用射线在金属内部的衰减特性测量带钢的厚度横向分布。测量装置分固定式和移动式两种。

平直度测量仪装在轧机末架机座的出口，一般采用非接触式的激光平直度仪，利用激光测距和图像分析技术获取带钢几何形状信息，识别平直度缺陷的类型（中浪、双边浪、单边浪或局部浪）和大小。

7.1.3.2 板形的计算机控制

现代热带钢连轧机均采用专门的计算机用于板形控制。板形控制模型具有如下功能：

（1）设定功能。根据轧件的材质、规格、板形目标、轧制力、轧机及辊型参数，依据板形控制策略，在轧件进入轧机前计算并输出 CVC 轧机的轧辊移动量、PC 轧机的轧辊交叉角、弯辊力等板形机构的调节量。

（2）前馈功能。根据前面机座轧制力的波动、来料的板形变化，输出板形机构的调节量，主要是对弯辊力进行调整。

（3）反馈控制。根据板形检测结果与目标值的偏差，计算并输出板形机构的调节量。

（4）板形修正（自学习）功能。根据板形的实际情况与模型设定之间的偏差，计算模型的参数修正量，以提高模型的精度。

建立精确的板形控制模型，需要解决下面的一系列问题，如准确地预报支撑辊和工作辊的辊型，主要是磨损和热变形；提高轧制力的预报精度，准确地计算轧辊的弹性变形；厚度控制与板形控制之间的耦合，处理好弯辊力跟随轧制力变化；确定板形控制手段对板形的作用，解决板形机构调节量与板形控制量的关系；板形信号的识别与特征提取，分离出与板形调节手段对应的控制特征；控制策略确定，制定出最佳的板形控制方案和调节方式。

7.1.3.3 板形的调节

在现代热带钢连轧机中，板形的调节手段有 CVC 轧机的工作辊轴向位置调节、PC 轧机的辊系交叉角调节、液压弯辊的弯辊力调节、液压 ACC 的倾辊调节、冷却轧辊的轧辊热凸度调节，另外，仍在采用通过调整机座的负荷来控制辊系变形。

7.1.4 组织性能控制新技术

热轧板带钢的内在质量除受自身的化学成分影响之外，在很大程度上取决于轧制过程的变形制度和冷却制度。通过控制变形量分配、轧制温度、终轧温度、冷却速度、终冷温度、卷取温度，可以控制热轧带钢的晶粒度、析出、相变、微结构形态等组织结构特征和屈服强度、抗拉强度、伸长率、断面收缩率、韧性等力学性能参数。

7.1.4.1 冷却控制新技术与轧件温度场的模拟计算

热轧带钢采用层流冷却实行控制冷却速度和终冷温度是最有效的控制组织性能的手段。为此，把控冷区分为主冷区和精冷区，根据测温仪的信号进行前馈控制和反馈控制，并利用模型自适应的方法来提高卷取温度的控制精度，如图 7-1 所示。

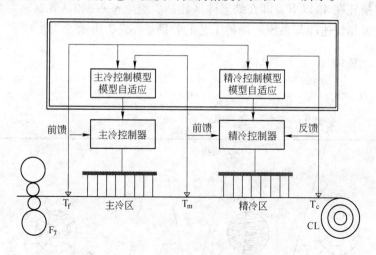

图 7-1 层流冷却控制系统

F_7—末机架精轧机座；T_f—精轧后测温仪；T_m—中间测温仪；

T_c—卷取前测温仪；CL—卷取机

当轧件较厚时，测温仪测得的轧件表面温度并不能真实地反映轧件内部温度分布、横向温度分布和平均温度，因而需要计算轧件横断面的温度场。

目前，温度场模拟计算采用有限元法和有限差分法都可以得到满意的结果。模拟计算通常是从出炉开始对温度变化的全过程进行模拟。

7.1.4.2 组织性能预报与控制

带钢轧制过程中影响轧后力学性能的因素很多。化学成分、工艺参数对最终性能的影响复杂，实测数据波动大、离散程度严重。目前理论研究滞后于实践，理论预测性能仍有较大的困难。传统上用数理统计方法可在一定程度上进行预测，但回归的函数类型和主要影响因素难以确定。采用人工神经网络（ANN）方法进行组织性能预报，取得了较好的效果。

如某公司热轧厂管理计算机（MS）收集的 100 组轧制 400MPa 级别 C-Mn 钢生产数据作为样本，热轧过程控制机（PCC）记录的主要生产工艺参数包括产品厚度、碳含量、硅含量、锰含量、终轧温度 T_f 和卷取温度 T_c；主要的力学检测数据有屈服强度、抗拉强度、伸长率和显微硬度。

7.1.4.3　铁素体区轧制新技术

铁素体区轧制工艺又称温轧工艺，在 20 世纪 80 年代后期出现，初始设计思想是以简化生产工艺、节能为主要目的。连铸坯经过铁素体轧制，生产出直接使用、价格便宜、可取代冷轧板的热轧钢板。铁素体轧制可用来轧制超低碳钢、铝镇静钢（LC）和无间隙原子钢（ULC-IF）。对于 IF 钢板的生产，由于碳含量很低，$\gamma \rightarrow \alpha$ 转变温度较高，很难保证在奥氏体区轧制，很容易实现铁素体区轧制。IF 钢的铁素体轧制与传统的生产工艺的区别在于：传统的 IF 钢热轧生产中，粗轧和精轧温度均在 A_{r3} 以上，即在奥氏体区轧制；而铁素体区轧制时精轧在 A_{r3} 以下，即在铁素体区轧制。避免 $\gamma \rightarrow \alpha$ 相区轧制，需要在粗轧机和精轧机之间设置超快速冷却系统。两种工艺的差别如图 7-2 所示。

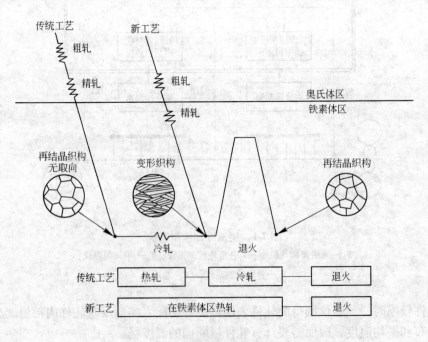

图 7-2　铁素体热轧与传统工艺比较

7.1.5　自由程序轧制技术

为了利于板形质量的保证，传统的板带热轧生产安排必须按一定规则进行：换辊后先轧制宽度较窄的带材用以烫辊，当轧辊的热凸度稳定后，再轧制较宽的产品。随轧辊的不断磨损，逐渐减小所轧带钢的宽度，直到最后换辊，此间还要求被轧带钢厚度、硬度波动尽量小。

考虑板形质量的传统的生产安排方式与当前按用户合同组织生产的需求存在矛盾，为使生产更灵活，板带生产应当根据合同需要实现各规格产品的自由衔接轧制。

自由规程轧制技术（schedule free rolling，简称 SFR）就是在这种背景下产生的，采用 SFR 技术可以使生产计划安排不再受各种条件限制。应用自由规程轧制技术必须依赖下列技术作为支撑：

（1）各种高精度预设定模型及其自适应控制技术；

（2）高效板凸度轧机及自动控制技术；

（3）均匀轧辊磨损的工作辊横移机构及有效的控制技术；

（4）高响应的控制板带蛇行的轧辊水平调整系统；

（5）有效的板带宽度控制设备及其高精度控制技术；

（6）新型耐磨轧辊；

（7）在线磨辊及辊型在线检测设备；

（8）热轧润滑工艺及其优化；

（9）生产过程中的高精度温控技术。

7.1.6 智能化轧制技术

7.1.6.1 轧制力的智能化纠偏

提高轧制力预报精度对提高设定精度及提高第一块钢和带钢头部命中率具有重要的意义。轧制力直接影响到负荷分配、ACC 和 AFC 等环节。传统的轧制理论计算轧制力的精度虽已大幅度提高，但仍不能满足用户对产品质量的严格要求。利用修正数学模型的方法提高轧制力的计算精度，多年来都无大的突破。利用神经网络（ANN）进行轧制力纠偏是一项轧制力给定的新技术。

采用数学模型（MM）与神经网络（ANN）相结合的方法，以数学模型作为预报的基值，ANN 作为数学模型计算误差的实时补偿，组成一个综合网络，并取得了良好的效果，使轧制力预报偏差小于 5%。

7.1.6.2 厚差诊断专家系统

A 数据采集系统

为了向专家系统提供轧制信息，在热带钢连轧机精轧机组上安装了数据采集及信息处理系统。收集车间的各种数据，如通过传感器采集的过程数据、工艺设定数据、轧机设备参数等，再根据需要进行分析和加工，从而为生产过程的计划、优化、诊断、模拟和监控提供支持和服务。精轧机组的数据采集及处理系统原理如图 7-3 所示。

B 厚差诊断专家系统的结构

在数据采集的基础上，建立实时厚差诊断与监控专家系统。该系统根据采集的过程检测数据和过程控制数据，通过实时数据处理，对厚差状态进行诊断，推理机以厚差状态的标识数据作为推理起点。监控主要是将动态数据处理后按一定的方式提供给用户，并在必

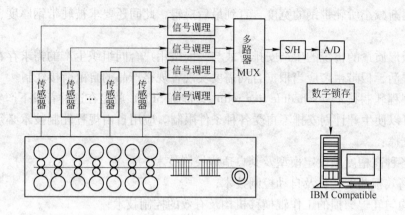

图 7-3　数据采集及处理系统图

要时直接由监控装置对过程进行实时控制或修改现场的某些参数、方案或结构。厚差诊断专家系统基本结构如图 7-4 所示。实践表明，本专家系统能够较好地诊断出水印、温度、轧辊偏心、监控、设定模型等对厚差的影响。

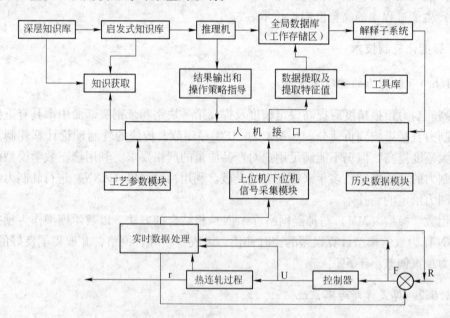

图 7-4　厚差诊断专家系统基本结构

7.1.6.3　负荷分配协同人工智能系统

负荷分配是热连轧过程的关键环节，它直接影响生产的稳定性、产量和产品质量。在计算机被引入热带钢连轧机以前，精轧机组的轧制规程设定采用人工设定的方法。采用计算机以后，负荷分配经历了能耗曲线法、最优化方法、动态负荷分配法及专家系统方法等阶段。连轧机精轧机组负荷分配的精度不断提高，技术也日趋完善。

用协同人工智能的方法建立智能化的带钢热连轧机精轧机组负荷分配系统，在生产实际中适应性强，且分配速度快，必将在提高轧机产量和产品质量方面发挥作用。协同人工智能负荷分配专家系统的结构如图 7-5 所示。

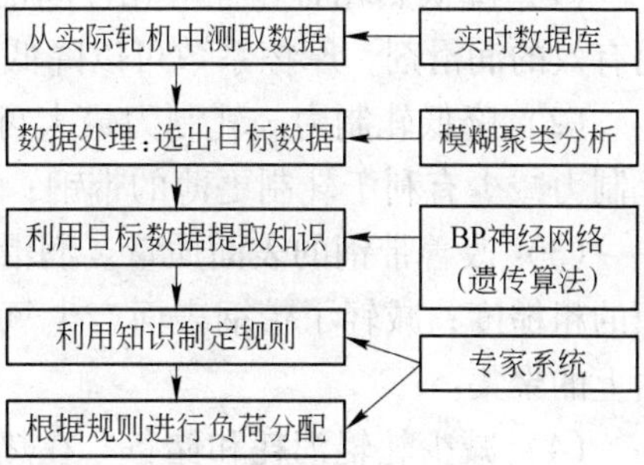

7.1.7 无头轧制技术

无头轧制技术是指经过粗轧后，将精轧坯在中间辊道上焊接起来，连续不断地送入精轧机组轧制，轧后用高速飞剪分卷卷取的一种轧制方法，其主要优点是：

(1) 由于精轧机组只有一次穿带，之后不间断轧制，轧制条件稳定，板厚和板形波动很小，特别是头部和尾部板厚和板形精度大幅度提高。

图 7-5 协同人工智能负荷
分配专家系统结构

(2) 对于热轧薄带钢生产，没有穿带困难。不需要采用低速穿带、升速轧制，实行以一定的轧制速度轧制。因此，既可以轧制更薄的带钢（如厚度 0.8~1.2mm），又可以提高轧机作业率，降低轧制薄带钢的板坯出炉温度和提高轧制薄带的产量（约20%）。

(3) 带钢全长在同一个轧制条件下进行，终轧温度和卷取温度均匀，产品的力学性能均匀。

无头轧制技术是日本川崎千叶厂首先开发应用的。1995 年底对板厚 4.5mm 的带钢实现了无头轧制；1996 年 4 月成功地对 1.2mm × (900~1200)mm 带钢实现了无头轧制，后用于轧制厚度为 0.8mm 的软钢。

7.1.8 半无头轧制技术

半无头轧制是 CSP 薄板坯连铸连轧机上实行的一种新工艺，适用于生产 0.8~1.2mm 热轧薄带钢进行铁素体轧制。

半无头轧制的连铸坯长度是单块轧制坯长的几倍，连铸机后面的辊底炉长度加长到 230m 以上，连铸板坯长达 220m，经 2 架粗轧机座粗轧和 5 架精轧机座精轧，轧制成 0.8~ 1.2mm 的热轧薄带钢，然后进行快速的剪切和分卷。

7.1.9 热轧润滑技术

热轧工艺润滑技术是在轧制过程中向轧辊表面喷涂一种特制的润滑剂（轧制油），通过轧辊旋转将其带入变形区，在轧辊与带钢表面形成一层极薄的油膜。这层油膜改变了变形区金属的变形条件，降低了摩擦系数，降低了轧制力，减轻了轧辊磨损，提高了带钢表面质量。热轧润滑是热轧带钢节能降耗，减小辊耗，提高产品质量的新技术。除精轧机组外，粗轧机、立辊机也开始逐渐采用。

热轧润滑的机理是：在轧件进入辊缝之前，在轧辊和轧件表面喷涂润滑剂形成薄膜，这层薄膜有一小部分在进入辊缝前被热轧件的高温烧掉，大部分则被带入辊缝，在工作辊和轧件的接触面上形成一层薄薄的润滑膜。这层油膜的存在时间只有百分之几秒，在被烧掉之前可起到润滑作用。

热轧润滑的作用和效果主要是：

（1）降低热轧时轧辊与轧件间的摩擦系数。没有润滑时的摩擦系数一般为 0.35；使用有效的润滑剂，摩擦系数可以降低到 0.12。

（2）降低轧制力。轧制力最大可降低 15%～25%，一般条件下可以降低 5%～10%。轧制力减少有利于轧制更薄的带钢；有利于减小能耗。

（3）改善带钢的表面质量。润滑减少了轧辊的龟裂和降低了磨损速度，降低了轧件表面的粗糙度；减轻了带钢表面产生氧化铁皮和轧辊表面上"黑皮"（氧化铁末）在轧件表面上的聚集。

（4）减少轧辊消耗和储备。在热轧条件下，工作辊和带钢与冷却水接触，生成 Fe_3O_4 和 Fe_2O_3 等硬度很高的氧化物，粘在轧辊表面生成黑皮，在变形区高压摩擦的作用下，造成轧辊表面的磨损增大。采用热轧润滑，润滑膜覆盖在轧辊表面，降低了轧辊表面工作温度，降低了冷却水的急剧氧化作用，防止了轧辊表面生成"黑皮"，减少了轧辊磨损，抑制了轧辊表面裂纹生成，使工作辊磨损降低了 35%～40%；支撑辊的磨损减小。工作辊和支撑辊磨损下降，减少了轧辊储备。

（5）提高轧机生产率。轧辊磨损减小，可以延长一次磨辊轧制的公里数，延长工作辊的使用周期，减少换辊次数，减少换辊时间，提高轧机作业率。

7.2　中厚板轧机新技术

我国中厚板轧机经过近些年来的改造和引进，采用了许多新技术，如在大多数轧机上普遍采用了液压 AGC 和轧机过程控制系统，部分轧机已经采用立辊轧机的 AWC、工作辊弯辊技术及 CVC 技术等。特别是宝钢 5000、沙钢 5000、鞍钢 5500 宽厚板轧机，均采用了当今世界上最先进的轧机新技术。鞍钢 5500mm 四辊可逆式双机架宽厚板轧机，是目前世界上最大规格的宽厚板轧机。

7.2.1　中厚板在线热处理（HOP）

2003 年，JFE 公司西日本制铁所福山厂安装了一套中厚板在线热处理设备，2004 年 5月投产。该系统被称为 HOP（heat treatment on-line process，在线处理），是目前世界上唯一的一套中厚板在线热处理装置，可以处理的钢板宽度达到 4.5 m。

HOP 安装于矫直机之后，为了提高加热效率，简化装置，采用巨大的感应线圈，可以对钢板进行高速率的加热；采用几台高频电源并联式同步传动，钢板内部的感应发热量由通过线圈的电流精密控制，感应发热量可以方便地换算成热流量。经过 Super-OLAC 淬火的钢板通过 HOP 时，利用高效的感应加热装置进行快速回火，可以对碳化物的分布和尺寸进行控制，使其非常均匀、细小地分散于基体之上，从而实现调质钢的高强度和高韧性。基于碳化物的微细、分散、均匀控制，通过最优组织设计，可以大幅度地提高材料的性能，生产的抗拉强度为 600～1100MPa 级调质钢具有良好的低温韧性和焊接性能等。

7.2.2　应用 ADCOS-PM 的中厚板在线热处理技术

在采用 ADCOS-PM 作为中厚板的轧后冷却系统时，由于超快冷设备的采用，为轧后冷却控制提供了多种可供选择的热处理方案。在轧制阶段，依据钢种的设计要求在高温轧制和低温轧制之间进行轧制温度的优化选择。终轧之后，可以采用超快冷或者 ACC（层流冷却），实现从低冷速到高冷速的各种不同的冷却速度。如果采用超快冷，可以对终冷温度进行控制；如果终冷温度处于铁素体相变温度区间，可以称为 UFC（超快速冷却）-F；如果终冷温度处于贝氏体相变温度区间，可以称为 UFC-B；如果终冷温度处于马氏体相变温度以下，可以称为 UFC-M，或称为 DQ。对于 UFC-F、UFC-B 和 DQ，后续还可以采用不同的热处理方式，例如不同速率的冷却、不同速率的加热、不同的加热温度区间、不同的保温时间等。通过这些冷却、加热过程，可以获得多种多样的组织，因而得到多种多样的材料性能。因此，采用 ADCOS-PM 与各种不同的后续冷却、加热过程配合，会使得轧后的热处理过程变得丰富多彩，具有极大的创新空间。

7.2.3　离线调质热处理技术与装备

调质热处理是高强度级别、高档中厚板产品重要生产设备。我国调质线的核心设备和技术多年来一直依靠进口。东北大学与太钢合作，解决了高效率、高均匀性喷嘴，高可靠性升降结构，高精度控制系统、模型及软件等技术难题，掌握了制造中厚板辊式淬火设备及开发中厚板辊式淬火生产工艺的关键技术和操作诀窍，开发出 3000mm 中厚板淬火机，用于不锈钢和 9Ni 钢等高附加值产品的生产，实现了该项重大冶金技术及核心设备的国产化。此后，又推广到宝钢特钢、唐钢、新余、酒泉、南钢等热处理生产线，应用于普碳、低合金钢、合金钢、不锈钢、特钢的热处理。目前已经可以处理最薄 6mm 的高强板，正在建设中的南钢调质线可以处理板材的最小厚度为 4mm。

7.3　冷轧带钢生产新技术

近年来，冷轧带钢的生产把当代许多高新技术引入到生产过程中，从设备和工艺上不断更新生产技术。如生产过程中的带钢对接采用了激光焊机；酸洗过程中的盐酸紊流酸洗、废液回收及环境保护；高精度的厚度检测及厚度自动控制系统；双卷筒卡罗塞尔卷取机；交流同步电机及其交流调速系统全氢罩式炉退火和深冲带钢的连续退火；电镀锌（锡）中不溶性阳极；带钢表面缺陷光学检查仪；先进的连续停剪技术等。并且，在整个生产过程中采用高度的基础自动化和计算机控制系统，以及数字化控制。这些新技术的采用，提高了带钢冷轧机的产品质量和生产率，降低了生产成本，提高了企业效益和产品竞争力。因此，可以认为冷轧带钢是集中当代许多高新技术而生产的产品。

7.3.1　酸洗新技术

7.3.1.1　浅槽盐酸酸洗除鳞技术

自从开发了盐酸废液的处理与回收系统后，世界各国普遍采用浅槽盐酸酸洗代替老式的硫酸酸洗机组。主要原因为：（1）盐酸比硫酸具有更强的除鳞效果，盐酸酸洗机组前部不用破鳞装置可以简化酸洗设备；（2）盐酸酸洗比硫酸酸洗更容易去除氧化铁皮，可以得到高质量的酸洗带钢；（3）浅槽酸洗槽进行排酸比较容易，如有断带发生，可以很快排出酸液，不易产生过酸洗；（4）盐酸再生系统回收效率高，可达 99%，大大地降低了酸的耗量，每生产 1t 带钢仅耗酸 315kg。

7.3.1.2　紊流式酸洗除鳞技术

紊流式酸洗机组是 1983 年由联邦德国 MDS 公司开发。工作时酸洗液送入很窄的酸洗室缝中，使酸洗液在带钢表面上形成紊流状态，因此不存在浅槽、深槽概念。在张力状态下带钢运行，酸洗液的流动方向与带钢的运行方向相反，具有酸洗速度高和酸洗质量好的特点。

按同样的酸液、温度及带钢条件，紊流式酸洗机组的功能与传统的深槽式、浅槽式酸洗机组对比，见表 7-1。

表 7-1　紊流式酸洗与传统式酸洗功能比较（以深槽式为基准 100%）

功　能	深槽式	浅槽式	紊流式
酸洗时间	100	80	65
能耗（热 + 电）	100	70	70
排气量	100	60	60
热传导率	100	200	700

MDS 专家认为，用普通酸洗方法表面残余物为 $200 \sim 300 mg/m^2$；较好时残余物为 $100 \sim 200 mg/m^2$；非常理想时残余物为 $50 \sim 100 mg/m^2$。而紊流式酸洗很容易做到残余物不大于 $50 mg/m^2$。

7.3.1.3　推式酸洗技术

适用于中小产量的推式酸洗是将开卷的钢卷经过切头和切角，一卷一卷地通过机组进行酸洗、清洗、烘干，然后进行切边、涂油和卷取。

它与连续酸洗比较具有如下优点：

（1）机组设备简单，投资省，没有焊机、入出口活套、拉伸弯曲矫直机等设备，机组长度多在 100 m 以内，占地小，基建费用少。

（2）酸洗带钢品种多，适应性强，适用不锈钢、高碳钢、普碳钢及有色合金等。其厚度适应范围大，连续酸洗厚度不超过 7mm，推式酸洗可达 $10 \sim 12$ mm。

（3）工艺简单，生产工人与连续酸洗机组比较可减少 1/3。

（4）推式酸洗必须采用浅槽，因而具有浅槽酸洗的优点。

（5）可同时酸洗几条带钢，单条的推式酸洗带钢宽度一般为 $1000 \sim 1500 mm$，最宽为 2100mm。多条推式酸洗一般为 $2 \sim 6$ 条，最多可达 12 条。多条酸洗适用于中、小型钢厂。

推式酸洗的最大缺点是没有焊接拼卷，故需每卷进行送料穿带，卷重不大，且对板形要求高。推式酸洗已在美国、英国、奥地利、德国、中国等国家应用。

7.3.1.4　喷浆除鳞（金属无酸除鳞 ND）技术

ND 方法是日本石川岛播磨重工业公司从 1973 年起着手研究的。此法是高压水流通过扁缝式喷嘴，将铁砂矿浆加速混合，形成一束高能量浆液铁砂流冲击带钢的表面，产生"水锤"作用将氧化物打碎、剥落。此工艺除有使喷嘴磨损严重，且不易调整浆液浓度的缺点外，有如下优点：

（1）对环境无化学和粉尘污染。

（2）原料为烧结铁矿粉，价格低廉并可回收作烧结矿。

（3）钢板表面加工质量高，对不锈钢可省去表面研磨工序。

（4）本技术对除鳞-冷轧的连续化有促进作用。

1980 年，新日铁八幡厂一号酸洗机组使用 ND 法试验，使酸洗速度由 180m/min 提高到 250m/min。1982 年后，新日铁钢铁厂、川崎钢铁厂陆续采用了该技术，效果很好。目前该技术已在德国、美国、法国、意大利等国得到应用。

7.3.1.5 机械除鳞（APO）技术

APO 为铁粒磨料除鳞的缩写，通过冷硬铸铁颗粒的摩擦作用除鳞。苏联与联邦德国共同开发研制出三套 APO 装置的连续式机组，于 1989 年在切列波维茨车钢铁厂试车投产。能源消耗、操作维修成本和投资都大大降低，除鳞质量、环保、生产周期上都优于酸洗方式。

7.3.2 退火新技术

7.3.2.1 全氢罩式炉退火

由于在 740℃时氢的热传导系数为氮的 6.5 倍，氢的动力黏度只有氮的 50%，因此，在强对流型的罩式退火炉中采用纯氢作保护气体，可以提高钢卷加热和冷却速度 40% ~ 50%。使用全氢罩式退火炉可得到优质表面的带钢，表面质量接近于连续退火可能达到的质量，总的能耗费用也减少 30%。因此，在老厂改造时，特别是炼钢、热轧等工艺条件没有重大改变的情况下，在国外大部分选用全氢退火炉。

7.3.2.2 连续退火技术

连续退火技术的出现，以其优势使传统的罩式炉退火技术发生根本变革。该技术可将电解清洗、退火、平整、精整等工序在一条机组中完成，节约投资并缩短生产周期；减少钢卷中间运输引起的擦伤、折边，消除罩式退火时出现的粘接现象，提高成材率；带钢板形及力学性能易控制，能提高产品质量。

在连续退火技术的发展过程中，根据产品品种的要求针对中间退火段各厂家陆续开发出了不同的工艺，有 CAPL、NKK-CAL、KM-CAL、CRM-CAL 等，相应形成不同类型的连续退火机组，见表 7-2。

表 7-2 连续退火机组

工艺	CAPL		NKK-CAL		KM-CAL		CRM-CAL
	CAPL	ACC	WQ	RQ	KM-CAL	RGCC	HOWAQ
开发商	新日铁	新日铁	日本钢管	日本钢管	日本川崎	日本川崎/三菱重工	比利时冶金研究中心
首次使用厂	新日铁	新日铁	钢管福山	钢管福山	川崎千叶	川崎水岛	柯可利尔
冷却方法	气体喷射	气 + 水气	水淬	辊淬	高速喷气	辊淬 + 高速喷气	热水淬 + 水气
冷却速度 /℃·s^{-1}	5 ~ 30	50 ~ 300	500 ~ 2000	100 ~ 400	30 ~ 90	50 ~ 150	30 ~ 2000
产品品种	I	I	II	I	III	III	I

注：I—CQ、DQ、DDQ 高强度板，II—CQ、DQ、DDQ 超高强度板，III—CQ、DQ、DDQ 高强度板，软硬镀锡钢板，电工钢板。

7.3.3　新的联合生产工艺

按过去的传统生产方式，用于汽车和家电等产品的冷轧钢板生产工艺，热轧后一般要经过酸洗、冷轧、清洗、退火、冷却、平整及检查精整七道工艺，而且这些工序都是各自独立分开操作的。因此存在着各工序之间对带钢钢卷需要搬运的问题，还要留出足够的中间存放场地，增加了设备和操作人员，使物流不能连续畅通，实现不了流水作业。特别是因多次穿带和甩尾，增大了带钢头尾的切损量，致使金属收得率降低，生产周期长。

近年来，由于世界钢铁市场竞争日趋激烈，用户对冷轧钢板生产提出了多品种、小批量、高质量、低成本和交货快的新要求。为满足上述要求，如何简化或合并现有分散的生产工艺，将各道工序连接起来，实现联合生产，缩短工艺流程，这是各国冷轧厂多年渴望解决的技术难题，也是冷轧带生产技术综合发展的方向。随着薄带连铸和冷轧技术的开发应用，实现薄带连铸-冷连轧联合作业已变为现实。

7.3.3.1　冷连轧机的各种联合机组

(1) 酸洗二冷轧线的联合生产（CDCM）布置形式有垂直布置、中心线错开平行布置、同一中心线布置三种。从 1981 年以来世界上已有十余套改造和新建的成功范例。

(2) 机械除鳞-冷轧联合机组 80 年代在日本八幡钢厂投产。日立制作所还将机械除鳞与酸洗合并使用，大大减少了酸洗时间，提高了联合机组速度。

(3) 酸洗-冷轧-连续退火联合生产于 1987 年由日本新日铁成功连接，使整个冷轧生产过程全连续化，堪称冷轧技术发展的一个里程碑，可将常规从热轧钢卷到冷轧成品的 12 天生产周期缩至 20min。之后美国 INLAND 公司和日本新日铁合资兴建了世界上第二套酸洗-冷轧-连续退火联合生产线，年产量达 127 万吨。

7.3.3.2　紧凑式带钢冷轧工艺

从连铸开始经热轧连轧到冷轧成品的短流程紧凑式带钢生产工艺已成为一种发展方向，可显著提高带钢生产的综合收得率，降低成本与能耗。

1997 年 12 月美国 SDI 公司投产的 CCM 生产线主要工艺及设备：(1) 坯料由 CCM 生产线经热轧供应；(2) 连续酸洗生产线；(3) CCM 轧机为双机架可逆式连轧机；(4) 退火炉；(5) 单机架平整机组；(6) 厚带材热镀锌机组（1 号）；(7) 薄带材热镀锌机组（2 号）。

与单机架可逆式轧机相比，CCM 轧机的优点在于增加产量，减少停机时间，一次轧制可完成两个道次；与冷连轧机相比，CCM 轧机的优点在于轧制道次灵活，例如在 4 机架冷连轧机上，不可能实现二个或 6 个道次压下量的轧制，然而双机架 CCM 轧机就具有这种灵活性。

7.3.3.3　薄带连铸二冷连轧联合机组

薄带连铸新工艺取得成功后，使取消热轧板带过程将连铸-冷连轧生产连续化成为可能，将薄带连铸机和 4~5 架轧机联合，可建设年生产能力 50~150 万吨的机组，建设周期和投资节省 25%~80%。

复习思考题

7-1　热连轧带钢生产新技术有哪些?

7-2　什么是高精度厚度预设定技术?

7-3　什么是铁素体区轧制,有什么特点?

7-4　什么是自由程序轧制技术?

7-5　什么是无头轧制技术?

7-6　什么是半无头轧制技术?

7-7　什么是智能化轧制技术?

7-8　热轧工艺润滑有什么作用?

7-9　中厚板生产轧机有哪些新技术?

7-10　冷轧带钢生产有哪些新技术?

参 考 文 献

[1] 李薰. 十年来中国冶金科学技术的发展[J]. 金属学报, 1964(7): 442.

[2] 王廷溥. 板带材生产原理与工艺[M]. 北京: 冶金工业出版社, 1996.

[3] 曹林瑞. 热轧生产新工艺技术与生产设备操作实用手册[M]. 北京: 中国科技文化出版社, 2006.

[4] 赵元国. 轧钢生产机械设备操作与自动化控制技术实用手册[M]. 北京: 中国科技文化出版社, 2005.

[5] 孙中华. 轧钢生产新技术工艺与产品质量检测标准实用手册[M]. 长春: 银声音像出版社, 2004.

[6] 金兹伯格 V B. 板带轧制工艺学[M]. 马东清, 译. 北京: 冶金工业出版社, 1998.

[7] 曲克. 轧钢工艺学[M]. 北京: 冶金工业出版社, 1991.

[8] 周汝成. 轧钢生产技术工艺疑难问题解答与处理[M]. 北京: 中国科技文化出版社, 2006.

[9] 张景进. 热连轧带钢生产[M]. 北京: 冶金工业出版社, 2005.

[10] 张景进. 中厚板生产[M]. 北京: 冶金工业出版社, 2005.

[11] 陈连生. 热轧薄板生产技术[M]. 北京: 冶金工业出版社, 2006.

[12] 许石民. 板带材生产工艺及设备[M]. 北京: 冶金工业出版社, 2008.

[13] 夏翠莉. 冷轧带钢生产[M]. 北京: 冶金工业出版社, 2011.

[14] 杨俊任. 冷轧板带钢生产工艺[M]. 北京: 中国劳动社会保障出版社, 2009.

[15] 郑光华. 冷轧生产新工艺技术与生产设备操作实用手册[M]. 北京: 中国科技文化出版社, 2007.

[16] 丁修坤. 轧制过程自动化[M]. 北京: 冶金工业出版社, 1986.

[17] 刘天佑. 钢材质量检验[M]. 北京: 冶金工业出版社, 1999.

[18] 邹家祥. 轧钢机械[M]. 北京: 冶金工业出版社, 1980.

[19] 韩旭光. 超薄带钢生产与半无头轧制[J]. 河北冶金, 2002(4): 57.

[20] 李果. 热轧润滑技术在唐钢热轧薄板生产线上的应用前景[J]. 河北冶金, 2002(4): 117.

[21] 刘军. 冷轧宽带钢生产新技术[J]. 重型机械, 2003(1): 8.

[22] 张景进. 带钢冷轧生产[M]. 北京: 冶金工业出版社, 2008.

冶金工业出版社部分图书推荐

书 名	作 者	定价(元)
中国冶金百科全书·金属塑性加工	编委会 编	248.00
钢铁生产概览	中国金属学会 译	80.00
钢铁生产过程的脱磷	董元篪 编著	28.00
抗挤毁套管产品开发理论和实践	田青超 著	38.00
中型 H 型钢生产工艺与电气控制	郭新文 等编著	55.00
镍铁冶金技术及设备	栾心汉 等主编	27.00
炉外底喷粉脱硫工艺研究	周建安 著	20.00
金属塑性加工生产技术	胡 新 主编	32.00
冶金生产概论(高职高专国规教材)	王明海 主编	45.00
冶金专业英语(高职高专国规教材)	侯向东 主编	28.00
钢材精整检验与处理	黄聪玲 端 强 编著	34.00
炉外精炼操作与控制	高泽平 贺道中 主编	38.00
高炉炼铁设备(高职高专教材)	王宏启 主编	36.00
冶金技术概论(高职高专教材)	王庆义 主编	26.00
金属塑性加工生产技术(高职高专教材)	胡 新 主编	32.00
金属材料与成型工艺基础(高职高专教材)	李庆峰 主编	30.00
金属铝熔盐电解(高职高专教材)	陈利生 等主编	18.00
冶金煤气安全实用知识(技能培训教材)	袁乃收 等编著	29.00
炼钢厂生产安全知识(技能培训教材)	邵明天 等编著	29.00
热能与动力工程基础(本科国规教材)	王承阳 编著	29.00
钢铁冶金原理(第4版)(本科教材)	黄希祜 编	82.00
冶金原理(本科教材)	韩明荣 主编	40.00
化工安全(本科教材)	邵 辉 主编	35.00
重大危险源辨识与控制(本科教材)	刘诗飞 主编	32.00
噪声与振动控制(本科教材)	张恩惠 主编	30.00
冶金热工基础(本科教材)	朱光俊 主编	36.00
炼焦学(第3版)(本科教材)	姚昭章 主编	39.00
钢铁冶金学教程(本科教材)	包燕平 等编	49.00
连续铸钢(本科教材)	贺道中 主编	30.00
炼铁学(本科教材)	梁中渝 主编	45.00
炼钢工艺学(本科教材)	高泽平 编	39.00
炼铁厂设计原理(本科教材)	万 新 主编	38.00
炼钢厂设计原理(本科教材)	王令福 主编	29.00
冶金炉料处理工艺(本科教材)	杨双平 编	23.00
冶金课程工艺设计计算(炼铁部分)(本科教材)	杨双平 主编	20.00
冶金过程数学模型与人工智能应用(本科教材)	龙红明 编	28.00
特种冶炼与金属功能材料(本科教材)	崔雅茹 王 超 编	20.00
冶金企业环境保护(本科教材)	马红周 张朝晖 主编	23.00
重金属冶金学(本科教材)	翟秀静 主编	49.00